高等院校艺术设计专业应用技能型规划教材

RESIDENTIAL AREA LANDSCAPE DESIGN

居住区景观设计

主　编◎刘丽雅
副主编◎刘　露　李林浩
许书婷

重庆大学出版社

图书在版编目（CIP）数据

居住区景观设计 / 刘丽雅主编. —重庆：重庆大学出版社，2017.2（2023.7重印）
高等院校艺术设计专业应用技能型教材
ISBN 978-7-5689-0205-2

Ⅰ.①居… Ⅱ.①刘… Ⅲ.①居住区—景观设计—高等职业教育—教材 Ⅳ.①TU984-12

中国版本图书馆CIP数据核字（2016）第249658号

高等院校艺术设计专业应用技能型教材
居住区景观设计
JUZHUQU JINGGUAN SHEJI
主　编：刘丽雅
副主编：刘　露　李林浩　许书婷
策划编辑：蹇　佳　张菱芷　席远航
责任编辑：蹇　佳　　版式设计：原豆设计
责任校对：张红梅　　责任印制：赵　晟

重庆大学出版社出版发行
出版人：饶帮华
社址：重庆市沙坪坝区大学城西路21号
邮编：401331
电话：（023）88617190　88617185（中小学）
传真：（023）88617186　88617166
网址：http：//www.cqup.com.cn
邮箱：fxk@cqup.com.cn（营销中心）
全国新华书店经销
重庆亘鑫印务有限公司印刷

开本：787mm×1092mm　1/16　印张：9　字数：279千
2017年2月第1版　2023年7月第4次印刷
印数：7001—8500
ISBN 978-7-5689-0205-2　定价：48.00元

前 言 / PREFACE

近年来，国家和民众的环境意识有了大幅度的提高，园林景观的发展有了前所未有的发展空间。

景观设计师逐渐从风景园林设计、城市规划设计、建筑设计当中独立出来，成为一种专业性较高的新职业。首先，要具备扎实的专业知识；其次，要对美感有较强的把握能力，还要对社会文化、历史文化等有所了解。未来景观设计将成为城市不可分割的一部分，且开放与多元。

本书以居住区景观设计实际工程的全过程为线索进行编写，从实践出发，侧重实际工程中必须掌握的国家规范、设计方法、设计步骤，主要收集了一些最新的居住小区案例，以及从实际工程入手提供了大量图纸：设计任务书、方案设计文本、园林局报批图纸、扩充图纸、施工图纸以及设计概算书。

全书共5章。第1章与第2章，以理论为依托，结合市场发展和相关案例对居住区景观设计的基本理论进行了介绍与梳理。内容结合学生学习习惯与学习思路，力求做到理论与实践应用相结合，利用实际案例，深入浅出地对居住区景观设计的基本理论进行阐述和分析。在陈述角度上，力求反映和汲取现代景观设计发展的新观念、新思路，尽量体现时代脉搏；同时从市场、企业人才需求角度，有针对性地布置教学章节。第3章根据居住区景观的构成要素，全面系统地将居住区入口、道路、场所、绿地、水体、设施等进行深入浅出的论述。后两个章节为居住区景观设计的核心内容，介绍设计方法、设计步骤等技能。第4章介绍了景观方案设计的构思过程。第5章提供了从案例到最后方案实施的施工图纸以及施工常识并进行了介绍，使读者能看懂施工图，并能完成简单的（台阶、树池等）节点施工图绘制。

重庆百图园林景观设计公司李林浩主任设计师为本书的编写提供了大量具体案例的设计图纸和施工图纸，特此感谢！

编 者

2017年1月

目　录 / CONTENS

1　概述

教学目标

通过本章的学习，让学生了解居住区景观设计的基础理论，理解居住区景观设计的相关概念，熟悉居住区景观设计类型、设计原则以及依据，让学生对现代居住区景观设计、市场及发展现状有一定的初步认识，并明确设计师进行居住区景观设计的重点以及自身责任。

教学重点

①居住区景观设计的概念；
②居住区的分类；
③居住区景观设计功能；
④居住区景观设计原则及依据；
⑤居住区景观设计市场导向。

教学难点

①理论性稍强，在教学过程中，如何条理性、逻辑性及趣味性地组织理论讲授，是教学中的难点之一；
②居住区景观设计基础理论的积累与融会贯通，力求做到理论联系实际。

1.1 居住区景观设计的概念

1.1.1 中国居住的基本单位

家庭是中国社会结构组成的细胞，是中国人最基本的生活单位。中国人讲究亲情，家庭观念较强，所以对应家庭关系而存在的“住宅”，有着特殊的意义。所以，中国的居住是以“家庭”为基本单位。当然，关于中国家庭模式的研究属于社会学范畴，但从这个结构关系不难看出，“家”对于中国人的重要性，这也就决定了中国人对居住环境的要求更加严格。

随着社会的发展，居住区的形式在不断地进步和演变，经历了从里、坊、街巷、邻里单位、居住小区到综合社区等诸多形式。中国历史城市规划中，早在汉朝就已经存在明确的居住区划分，至今也存在着大量古代居住区的各种形式。如北京四合院，可以称为中国北方民居的典型代表，也是中国以“家庭”为生活单位的一个重要证明。居住区景观设计的内容是中国每个家庭关心的重要内容，而随着时代的变迁与科技的发展，现代人对居住区有了更多的要求，所以对居住区景观设计的研究，俨然成为当今景观规划设计领域研究的一个重要课题。作为景观设计相关的从业人员，应着眼于当今以及未来的景观设计发展，关注全球以及中国的居住区景观发展与建设。

1.1.2 居住区景观设计包含的内容

（1）城市规划及建筑设计角度的居住区

从城市规划及建筑角度，根据居住区规模，从小到大可有组团、小区、居住区三级划分。在各个级别中，设计要能满足居民基本生活中三个不同层次的要求，能满足配套设施的设置及经营要求，能与现行的城市行政管理体制相协调（图1-1）。

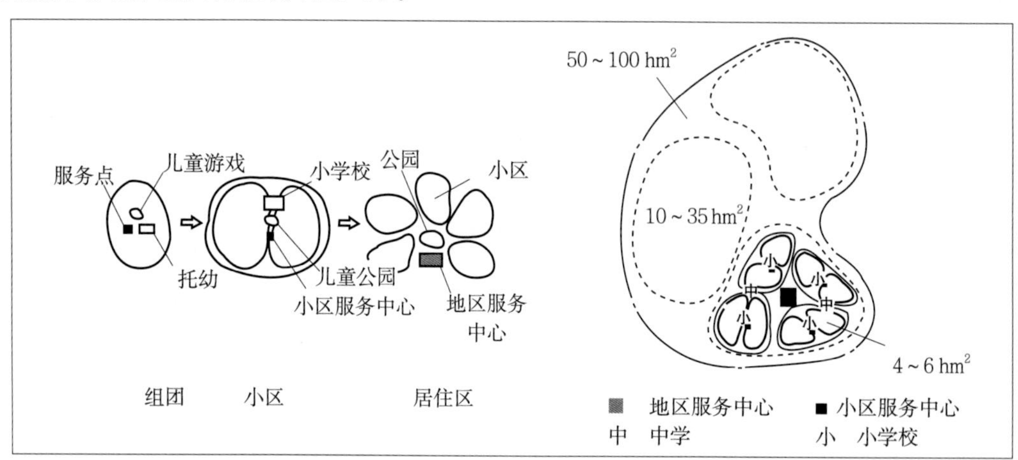

图1-1 组团、小区、居住区城市构成示意图
注：资料来源于《城市居住区规划设计规范》图解

居住组团：或称组团，一般指被小区道路分割，并与居住人口规模相对应（户数300～1 000户，人口1 000～3 000人），配建有居民所需的基层公共服务设施的居住生活聚居地。

居住小区：一般称小区，是指被城市道路或自然分界线所围合，并与居住人口规模相对应（户数3 000～5 000户，人口10 000～15 000人），配建有一套能满足该区居民基本的物质与文化生活所需的公共服务设施的居住生活聚居地。

城市居住区：一般称居住区，泛指不同居住人口规模的居住生活聚居地，特指城市干道或自然分界线所围合，并与居住人口规模相对应（户数10 000～16 000户，人口30 000～50 000人），配建有一整套较为完善、能满足该区居民物质与文化生活所需的公共服务设施的居住生活聚居地。

（2）现代景观设计角度的居住区

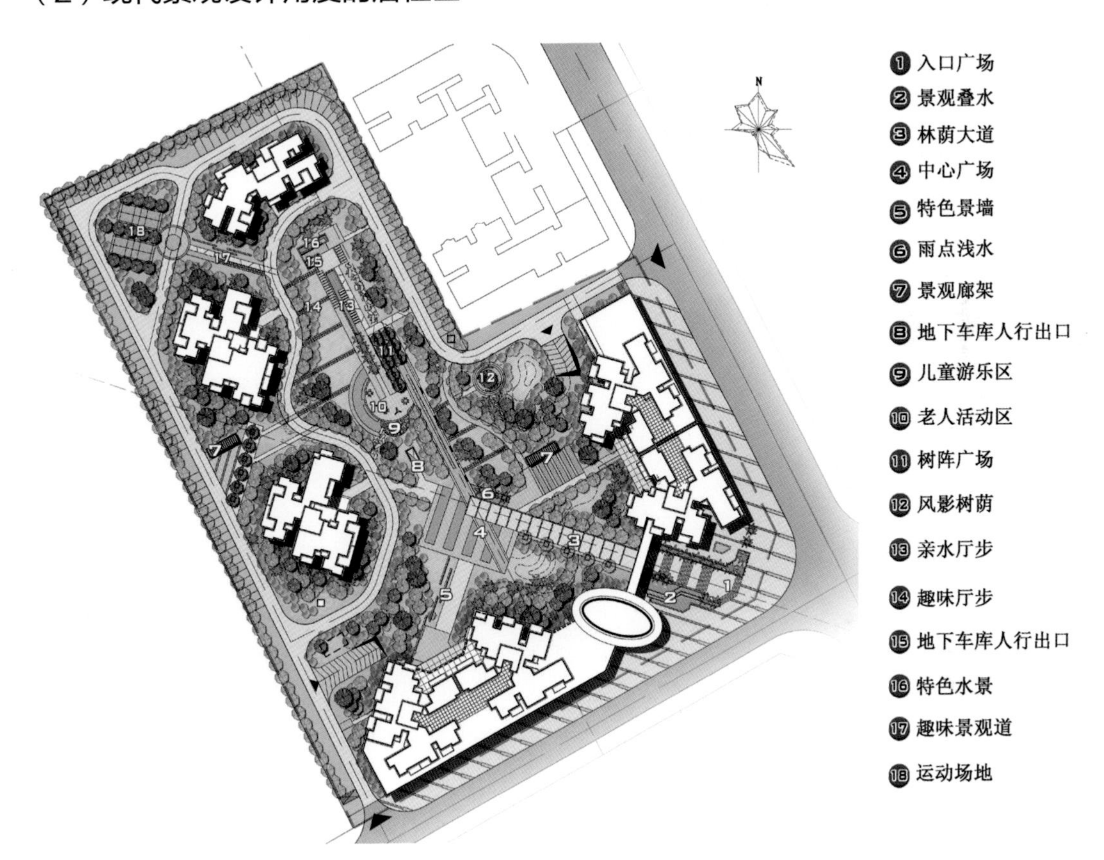

图1-2　某小区景观设计总平面图

在景观设计学领域，学者刘滨宜认为：“景观设计是一门综合性的，面向户外环境建设的学科，是一个集艺术、科学、工程技术于一体的应用型专业。其核心是人类户外生存环境的建设，故设计的学科专业极为广泛，包括区域规划、城市规划、建筑学、农学、地学、管理学、旅游、环境、资源、社会文化、心理学等。”居住区景观设计从内容上则反映为现代景观设计的一个部分，重点在于研究与人类居住室内环境对应的小区外部环境空间的景观营造。相比于室内装饰环境，小区外部的景观环境同样重要，是居民物质和精神需求的重要场所。居住区景观设计应解决现代居住区中景观与建筑的整体关系，注重景观场地的整体布局与构建、景观设施的布置、绿化环境的营造以及考虑不同层次的人的需求（图1-3）。

图1-3 某小区景观设计

1.2 居住区的种类

1.2.1 居住区的类型

居住文化是伴随着人类文明的发展而不断变化的，人类经历了原始文明、农业文明、工业文明以及现代的信息文明阶段，不同时代，加之不同地域和不同民族，居住文化本身呈现出多元化的趋势。尤其是进入工业文明和信息文明阶段之后，高度的文化交融导致居住区在观念、审美、形式、材料、技术等方面呈现出多元化的趋势，这也决定了现代居住区类型的多元化。

居住区设计的分类根据不同的分类依据可划分为不同的类型（表1-1）。

表1-1 居住区的类型

依据	类型
区位	①农村居住区
	②城市/城镇居住区
	③郊区居住区
地形地貌	①平地居住区
	②山地居住区
	③滨水居住区
经历的不同时间历程	①新居住区
	②旧居住区
不同社会容纳度	①封闭式居住区
	②开放式居住区

1.2.2 居住区的分类

结合居住区设计市场导向，常见的有两种分类方式：依据不同经济层次划分和不同层数划分。

（1）依据不同经济层次划分

①高档居住区：对应的即是造价高的居住区，在建设投入资金力度上相对较高，或者受众的层次较高。从开发建设者层面看，体现在室内装饰、建筑设计、室外景观、管理服务的高档上。通常高档居住区在建设材料上要求较高，建设面积较大，在室内设计和建筑设计风格上崇尚富丽堂皇、气派尊贵或者精致优雅；在室外景观上讲求塑造较高的空间品质，活动设施齐全、植物种植讲究等特点；在服务管理上会配备专业的管理和维护人员等。从使用者层面看，高档居住区通常受众为社会上经济实力雄厚，大部分有着较高的文化层次。

一般而言，高档居住区主要分布于城市的两类地域：一是市中心，尤其是CBD附近；二是城市边缘郊区。市中心的高档住宅区，由于土地资源的宝贵，所以通常是高层住宅，但由于其有利的城市区位，通常能享受到便利的周边配套服务。在城市边缘或者郊区的高档居住区，往往是规模较大的别墅区，除居住区内部景观营造讲究以外，在其周围还有着良好的生态环境或者自然环境（图1-4）。

图1-4　美国比佛利山庄山顶别墅

②中档居住区：代表着社会住宅区建设的主流趋势，为城市主流人群购房的首选，反映了社会的整体文化程度和经济实力。从开发建设者层面看，注重成本控制、资源集约利用。在户型上讲求水平方向上拼合成标准层，然后垂直向上复制而建成多层或高层建筑，实行一梯多户制，从而有效地利用建设土地；随着经济的发展和社会文化层次的普遍提高，中档居住区也越发注重室外景观环境的建设，小区景观风格设计、景观配套、材料运用和植物营造都受到开发建设者和居民的重视。从使用者层面看，中档居住区的受众通常是社会上的主体人群，尤其是中等阶层的上班族，这部分群体通常选择一些面积较为中等或者小的户型，与其经济能力相对等（图1-5）。

③低档居住区：主要指为社会中低收入者建设的居住聚居地，通常开发建设者在资金投资力度上相对较低，受众层次整体经济实力较弱。值得注意的是，由于低档居住区在开发建设上利益尺度较薄弱，所以在这一类型的居住区建设上，大多是以政府单位或者非盈利性组织为主导的开发，多以集资房、经济适用房或者城中村形式存在。这类小区，为了节约成本，常常出现追求低造价、高密度，户型面积较小，配套设施缺乏以及服务管理不到位等现象。就算人们近年来对这类居住区的整体建设加大了关注力度，但是整体上看这一类居住区在室外景观环境建设和服务设施建设上还存在较多的问题（图1-6）。

图1-5　某居住区内部景观

图1-6　某公租房景观

（2）不同层数划分

居住区的档次之分不仅是资金的问题，还是社会问题的直接反映。依据不同层数类型划分，可分为低层居住区、多层居住区、高层居住区以及层数混合型居住区。中国《民用建筑设计通则》（GB 50352—2005）将住宅建筑依层数划分为：一层至三层为低层住宅，四层至六层为多层住宅，七层至九层为中高层住宅，十层及十层以上为高层住宅。除住宅建筑之外的民用建筑高度不大于24 m者为单层和多层建筑，大于24 m者为高层建筑（不包括建筑高度大于24 m的单层公共建筑）；建筑高度大于100 m的民用建筑为超高层建筑。居住区的物质空间形态主要通过建筑来体现，而建筑往往是对社会政治、经济、文化和生态的反映，这些要素同样能映射到室外景观环境的建设，所以这也是居住区景观设计要重视的内容。

①低层居住区：指建筑楼层在一至三层的住宅。目前的城市低层建筑以两种形式存在。一种是相对贫穷的居民居住的低层住宅，这类住宅区往往建筑密度高，因为经济原因而无力建造高楼，但是能够不断填充，所以这类居住区容积率较高，小区景观配套差。另一种是相对富有的人群居住的别墅，有独栋别墅和联排别墅等形式。在当今社会人地关系十分紧张的大环境下，别墅（图1-7）的土地价值则较高，建筑密度低、容积率低，间接反映了人们的社会权利与地位。这样的格局要求建造者在居住区景观设计上投入更多的精力。

图1-7　某别墅区效果图

②多层居住区：这是指建筑楼层在3层以上、8层以下的住宅。因相关规范规定，住宅建筑7层（含7层）以上需要设置电梯，所以在多层居住区建设中，众多开发建设者将楼层定位为6层。在中国近年小区开发与建设中，多层建筑多以两种形式呈现。一是相对较早的居住小区，多集中在20世纪末建成，这类居住区建设没有设置电梯，将小区景观简单理解为绿化，不注重室外景观环境的建筑。另一种是现代洋房，随着近年房地产的发展，洋房的建造多配备有电梯等设施，同时注重室外景观环境的建设，以打造中高档居住区为趋势（图1-8）。

图1-8　某纯洋房居住区方案效果图

③高层居住区：高层住宅建筑可分为中高层和高层以及超高层。中高层一般指建筑在7层至9层；高层住宅指层数在10层及10层以上，范围较大，根据各地建设现状均有不同，若建筑高度大于100 m的住宅称为超高层住宅。由于地域条件不同，住宅建筑的层数存在较大的差异，如云南昆明等地震多发城市的居住区高层层数会有所限制，而在重庆由于地质多为岩石，有利于高层和超高层建设，所以居住区高层和超高层数量则较多（图1-9）。

④层数混合型居住区：即可理解成低层住宅、多层住宅或者高层以及超高层住宅的多样组合。层数混合型居住区，一般是针对面积较大的居住区建设而言，多层次的组合既增强了对市场的适应能力，又可获得较为丰富的外观形象和空间肌理，同时还有利于形成多样化的城市景观，带给人们多样化的城市体验，常常为别墅、洋房和高层组成的综合业态居住区（图1-10）。

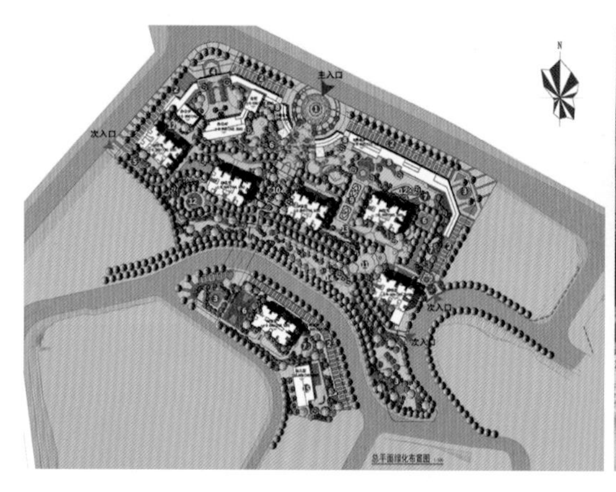

图1-9　某高层住宅方案平面及鸟瞰效果图

图1-10　某层数混合型居住区规划方案效果图

1.3 居住区景观设计功能

1.3.1 传统“住”的功能衍生

传统的“住”的功能包括建筑提供的居住功能以及建筑提供的附属活动功能。中国传统的住宅，一类则为传统民居，主要根据当地的民俗风情和地理环境建设以满足基本居住功能的住宅，这类建筑具有各自的地方特色。第二类则为以达官贵人修建的私家园林或者私邸，这类建筑集合了中国几千年的文化与思想，营造法式比较考究。

进入现代，随着城市化进程的快速发展和人口的剧增，传统的居住区建设方式不能满足当代人们的日常物质生活和精神生活所需，从而导致在现代居住区建设过程中，“住”这一功能在原始的形态基础上被强化和细分。除了对住宅建筑本质属性的要求，还包括了居民众多的户外活动场所的建设（表1-2）。

表1-2　居住区居民户外活动

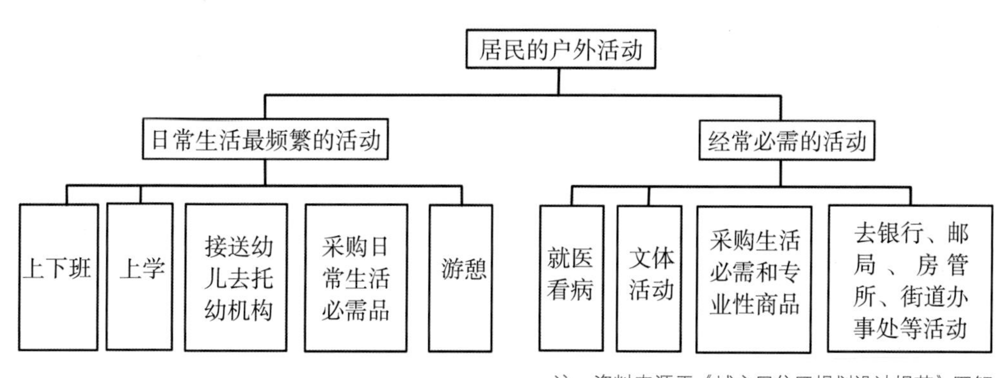

注：资料来源于《城市居住区规划设计规范》图解

1.3.2 现代居住区景观设计的新功能

中国是人口大国，很长一段时间内，关于居住区的设计都把重点放在高效利用土地上。新中国成立以来，对于居住区建设始于1957年，采用的方式借鉴原苏联居住小区模式，景观环境建设仅仅是“居住绿化”而已，表现在简单地种上几棵树、铺上几块草地，一圈住宅群中央设置一块小区中心绿地等形式。1998年以后，我国逐渐停止了福利分房制度，住宅商品的开发建设全面市场化，在市场竞争的压力和市场的引导下，开发商为谋求经济效益，加大了对居住区景观设计的投入和开发力度，从而促进了现代居住区景观设计的发展。而进入21世纪后，在居住区景观环境设计要求上，不仅提倡“量”的提高，同时提出要注重“质”的飞跃，这也对现代居住区景观设计提出了更多的要求。

随着现代景观设计专业的发展，居住区在基本解决了居住面积之后，简单的绿化已经远远不能满足现代人居住的需求，从而对现代居住区景观在功能上提出了更多的要求，主要体现在景观设计视觉景观形象、环境生态绿化、大众行为与心理三个方面。

（1）视觉景观形象的要求（审美功能）

视觉景观形象主要从人类视觉形象感受出发，根据美学规律，利用空间实体景物，研究如何创造让人赏心悦目的环境形象，这是基于人们审美功能上的要求而设定。在现代居住区景观设计中，创造丰富的视觉景观形象是设计过程中的一个重要任务，这也是人们对美的追求。

图1-11　某小区水景观与植物的配置

居住区景观设计中，视觉景观形象通常是具象的，可见的实体，呈现方式是多样化的，可以是构筑物、可以是道路的铺装、可以是植物、可以是雕塑，也可以是水体……不管任何元素，在现代景观设计中都充当着重要的视觉形象，同时这些视觉景观形象也给人美的感受，这也是基于当代人对居住区景观设计在审美功能上的要求。例如，小区中的水景、植物、陈设，给人美好的视觉形象（图1-11）。

（2）环境生态绿化的要求（生态功能）

环境生态绿化是随着现代环境意识运动的发展而注入景观规划设计的现代内容。它主要是从人类的生理感受要求出发，根据自然界生物学原理，利用阳光、气候、动植物、土壤、水体等自然和人工材料，研究如何创造舒适的、良好的物理环境，这也是景观规划设计在生态功能上的要求。

相比于封闭的室内空间，人们更愿意去开敞的室外空间活动，这是人类对大自然亲近的天性，垃圾成山、臭气熏天、植被荒芜的室外景观环境是人们所不愿意接受的。居住区景观作为居民日常活动的主要场所，充当着重要的角色。居住区景观生态功能的体现不仅仅只表现在自然生态环境和人工生态环境两个方面，而是从可持续发展的角度来诠释景观的生态性。自然生态系统当然在现代景观设计中依然不可忽视，良好的自然生态环境是打造现代化居住区的前提；人工生态环境主要是指居住区景观环境，现代设计的要求不仅要维护生态平衡，而且要做到低碳和环保。在居住区生态绿化的建设中，通常通过多种方式来实现景观的生态功能，常见的就是绿化种植，这里的绿化种植不仅仅拘泥于绿地的填充，而更多的是植物的设计，结合视觉景观形象打造怡人的、生态多样性的绿地环境（图1-12）。其次，在能源和资源上基于可持续发展，在现

1-12　小区中多层次的植物设计

代景观生态建设中也在不断尝试和进步，在材料选择上，可以因地制宜地选择当地的材料，节约人力和物力资源，如日本枯山水庭院的形成，就是因为在当时水资源的匮乏和白沙资源充沛的环境条件下发展形成的，在现代景观设计中得到了广泛的延用，例如利用常绿树苔藓、沙、砾石等常见造园素材，营造了“一沙一世界”的精神园林，这种方式值得借鉴（图1-13）。同时在技术上，利用高科技手段、高科技材料同样能够达到一定的生态效益，比如常见的太阳能照明技术、雨水收集技术等，均能运用到现代景观设计领域中。

图1-13　日本枯山水庭院

随着现代景观设计行业的不断发展，相应的在传统生态学基础上产生了针对景观生态学的专项研究，利用系统方法和科技为现代景观生态的研究提供了一定的依据。但是，在实践过程中，关注生态问题到确切落实生态问题之间存在着巨大的脱节，设计师往往在意识形态上有了认识，但是在物质形态的表现中就有所欠缺，这种脱节的存在就直接影响景观的生态功能，使设计出的作品不能达到人们对环境生态绿化的要求。从这一现象来看，景观设计人员还需要找到更多的途径来满足现代环境生态绿化的要求。

（3）大众行为心理的要求（行为活动与精神活动功能）

大众行为心理是随着人口增长，现代多种文化交流以社会科学的发展而注入景观规划设计的现代内容。它主要是从人类的心理精神感受需求出发，根据人类在环境中的行为心理乃至精神活动的规律，利用心理、文化的引导，研究如何创造使人赏心悦目、积极向上的精神环境。

对大众行为心理自身来说，它属于一个抽象的范畴，但是它可以通过具象的景观环境传达给人以不同的感受。居民在居住区内的活动，包括物质活动与精神活动。物质活动是根据居民的物质文化生活和居民的行为而设定，比如居民需要丢垃圾，那么相应的应该在小区内部设置垃圾桶；居民夜间行走，就需要在居住区内部设置相应的照明设施；居民需要购买日常用品，可相应设置小卖部等。对应物质活动，现代景观设计还体现着一项新的功能，也就是满足大众的行为心理的需求。中国传统园林对精神追求式的造园造诣达到了非常高的高度，传统园林讲求“意境”就是最好的证明，传统园林里经常能看见托物言志、寄情于景的园林表达，注重人在环境中的心理感受和精神体验。传统园林的造园造诣是值得肯定的，但是，中国传统园林的受众只是很少的一部分，与现代景观受众的比例存在一定的差距，所以在现代景观设计中，面对大众的景观设计则存在差异。现代居住区景观设计，在满足人们基本的物质活动的同时也要注重精神活动。景观设计和艺术一脉相承，景观设计作品也同样可以当作艺术品，在精神上给人以享受，这基于人们的情感诉求。

1.4 居住区景观设计原则及依据

1.4.1 居住区景观设计原则

（1）多方协调性原则

这里的多方协调包含：①设计师、开发商和业主的协调；②规划师、建筑师、景观设计师之间设计工作的协调；③景观设计师与各环节技术人员的协调。

作为开发商，打造现代居住区的目的在于获得最大的利益；作为建筑设计师和景观设计师，力求设计出完美的方案；作为业主，希望能居住在方便、舒适的环境中。不同于计划经济时代的住宅，当时的住房是通过分配的形式下放到每户居民手上，住户没有更多的选择，进入市场经济后，开发商有了更多的发挥空间，而业主也有了更广的选择性。在这个过程中，设计师充当着重要的角色，是协调好三者之间关系的关键。在设计工作中，设计师不仅需要了解市场动向，也需要为开发商着想，尽量采用最为经济可行、最为有效的设计方法以达成设计师与开发商的共识。此外，设计师还必须掌握居民和社会的需求，关注人们所需要的各项设施和配置，最大限度地创造能够满足业主物质活动和精神活动的场所，因为景观设计工作最终是为人服务的。

规划师、建筑师、景观设计师的结合是创造高质量居住区景观环境的前提。过去的居住区设计往往是规划师先进行小区整体布局的规划，然后建筑师对住宅单体进行设计，最后才是景观设计师进行景观环境的建设，而且很长一段时间的景观环境建设还停留在“见缝插绿”的形式上。过去的这种居住区建设形式存在一定的弊端，在设计过程中规划师、建筑师和景观设计师各行其是，不注重整体的协调与交流，所以景观设计在设计作品中被孤立出来，在整体规划和建筑布局上面受到诸多限制。正确的居住区规划建设方式应该是规划师、建筑师、景观设计师同时介入，在设计过程中随时交流、相互协调，而创造更为理想的总体布局。

景观设计工作是一项综合性强的工作，在具体的景观设计中，要考虑到景观设计师与其他相关技术人员的协作。景观设计师在具体工作中，通常要和造价师、结构工程师、水电工程师、植物设计师以及施工人员等进行合作，只有通过多方面的协调合作，才能保证景观设计工作和施工工作的正常进行，才能保证为居民创造出有品质保障的居住区环境。

（2）以人为本原则

人本主义是从哲学的角度提出，在国内外很早就有研究，而近现代在社会发展的多个领域都在提倡以人为本的思想。在不同的领域，“以人为本”的思想体现着自己的特色。居住区景观设计涉及多种学科，它以居住者为对象，为方便居住者生活并为其营造一个舒适、安宁并有良好的户外空间为目的。关键点就落实到“人”上，任何城市景观环境的创造，离开了人的活动，景观便失去了意义。居住区景观不仅是向人们展示室外环境空间，同时是供人使用、让人参与的。所以，在居住区景观设计的过程中，所有的设计活动都以服务“人”为最终目的，要确切落实到“人”的具体活动和具体需求上。

“以人为本”的居住区景观设计要讲求实用、安全和人性化，要充分考虑人的情感、心理及生理需要。居住区景观设计是对应人们居住的室内环境而言的，是居民日常户外活动最集中的场所。大到整个小区外环境与周边环境的协调，要做到因地制宜，节约资源；小到小区的一棵植物的栽种、一把座椅放置的位置、垃圾桶的间距等都要做到诸多调查和考究。在室外环境中，也要注重尺度感，设施要达到人机工程学的要求，同时结合现代科学与技术，创造出能满足于现代居民审美、使用的、能与时俱进的现代居住区景观环境。

（3）文脉传承原则

居住区景观设计文脉传承原则是从景观的文化表现角度出发，近年房地产存在过度开发的问题，在开发过程中忽略了民族文化和地方特色，创造出的居住区景观华而不实，缺乏内涵。民族文化的继承是民族文脉得以保存和延续的根本。在现代居住区景观设计过程中，挖掘和提炼具有地方特色的风情、风俗并恰当地加以运用，对于体现景观的地方文化特征、增加区域内居民的文化凝聚力起着重要的作用。但是，值得注意的是，文脉的传承并不是意味着盲目地进行简单文化符号的复制，而是经过深入的挖掘和研究，寻找出能够符合现代人审美要求、同时能延续文脉精髓所在的一种传承方式。

（4）经济性原则

居住区景观设计，在建设上应力求做到经济适用。在设计过程中，首先应做好成本预算工作，做好成本控制，尽可能在优化方案的同时降低成本。其次，要注重设计方案实施的可行性，方案设计阶段与方案的实施是一个复杂过程，太过复杂的设计，后期需要大量的人力、财力和物理资源。在具体的设计活动中，不应为了达到奢华的效果而盲目实行高成本的设计方案。另外，还应注重居住区建成后的管理和养护。现代居住区景观中喜好运用“水”进行造景，各种动水、静水、溪流、瀑布、泳池等水景的设计琳琅满目，但是水景的后期维护管理成本较高，后期养护常常不到位。据观察，市场中多数小区的水景在使用一段时间后废置或者污染严重，不利于居住区景观整体的发展与协调。所以在居住区景观设计中，要对设计前、设计中和设计后的资源进行综合分析，选出最佳方案。

（5）地域性原则

纵观人类发展历史，地域特色在人类的居住形式和特色上有着明显的体现，不同地域的经济、政治、历史、文化、气候、环境以及自然资源等都有着不同的区别。比如法国风情小镇和云南傣家的竹楼，因为地域的不同，在建筑形式和景观绿化上就有着明显的区别。法国风情小镇，由于人口数量少，自然风景良好，所以小镇比较集中，结合他们的信仰，在小镇通常建设有教堂等公共建筑。而在傣家的民居，由于气候炎热，地面潮湿，所以常常由竹楼挑高而建、离地面设置一定距离，而且在材料选择上选用了当地比较盛产的竹子。当然现代居住区的景观营造上和传统的民居有一定的区别，但是注重地域性原则，能有效避免现代居住区景观风貌的雷同与千篇一律；同时对当地材料的运用、自然资源的有效利用以及对场地设计中地形地貌的充分尊重，符合现代景观因地制宜的要求，从而创造出更具地方特色和个性的居住区景观。

（6）生态原则

居住区景观设计生态原则是基于现代“生态城市”理论内容之上的要求。现代城市生态思想的渊源可以追溯到1903年霍华德的田园城市理论，“生态城市”一词，则起源于联合国科教文科组织的第十六届大会决议通过的“人与生物圈计划”。该决议使生态城市理论迅速发展起来，并且在20世纪80年代趋于成熟，被认为是能够实现可持续发展的未来城市模式。生态城市理论包括城市自然生态观、城市经济生态观、城市社会生态观和复合生态观等综合城市生态学理论，并从生态学角度提出了解决城市弊病的一系列对策。生态导向的城市环境规划建设，不仅仅是单纯追求优美的自然环境，而应以人与自然相协调，社会、经济、自然持续发展为价值取向。它的研究视野不仅局限于物质环境上，还要扩展到人与自然共存、共生、共荣的复合系统。

近年来生态城市思想，被广泛运用到城市规划、建筑设计和景观设计等领域，在居住区景观设计中也逐渐受到重视。居住区景观设计生态原则包括复合生态要求、资源高效利用与节约问题、自然保护与生态恢复问题等。复合生态要求即是在居住区建设中，注重社会、自然、经济效益的最大化，不能忽视其一或者顾此失彼，力求实现整体效益最高。资源高效利用与节约问题，则是指在居住区景观建设中对资源的最小需求和高效利用，包括自然资源、人力资源、物力资源等。自然保护与生态恢复则要求对居住区景观建设中的一切自然景观和生物物种给予最大的保护，同时要减少对自然环境的消极影响，另外还要对被破坏的生态系统进行恢复，以及对未来生态影响的预测，提前做好相关措施与准备。做到居住区景观设计的生态原则要求，有利于居住区景观环境可持续发展。

1.4.2 居住区景观设计依据

景观设计是一项具有科学性、严谨性质的工作，从设计初期到施工完成更是需要多部分、多专业、多人员的相互协调与配合，科学的管理和合作是保证设计工作顺利进行的前提。无规矩不成方圆，在具体的居住区景观设计中，设计师必须要收集相关的资料、要了解相关的法规，指引设计工作进行。景观设计相关法规包括法律、规章、标准、制度及各类规范性文件等，这也是景观规划设计工作进行的依据。

（1）建设项目合同

合同作为一种民事法律行为，是当事人协商一致的产物，受到法律的约束与保护。通常情况下，居住区景观设计建设项目合同由承接公司法人或代表人和委托方法人或代表人，经过口头洽谈后，根据合同范本，依据《中华人民共和国合同法》《中华人民共和国建筑法》《建设工程勘测设计合同条例》编写，从而以文件形式正式签订，具有法律效应。景观设计合同明确了委托方在项目上关于设计内容、设计进度和设计成果的要求，也明确了设计费用等相关的信息，以及出现特殊情况的处理办法等，景观设计合同是保证双方利益的重要手段。设计师在设计前应充分了解建设项目设计合同的相关要求，以此为依据指导后期设计工作进行。

景观建设项目合同范例

____项目景观设计合同

项目工程名称：

项目工程地点：

合同编号：

委 托 方：

承 接 方：

签订日期：____年____月____日

发包人（甲方）：

设计人（乙方）：

根据相关法律法规的规定，为明确双方的权利、义务和责任，就甲方委托乙方承担__________景观设计等相关事宜，经双方协商一致，自愿签订本合同，以资双方共同执行。

第一条　本合同签订依据

1.1 《中华人民共和国合同法》《中华人民共和国建筑法》和《建筑工程勘察设计市场管理规定》。

1.2 国家及地方有关工程勘察设计管理法规和规章。

1.3 建筑工程批准文件及其他相关规定。

第二条　设计依据

2.1 甲方给乙方的设计任务书。

2.2 甲方提交的基础资料。

2.3 国家及地方等有关规范和标准。

第三条　合同文件的优先次序

构成本合同的文件可视为能互相说明的，如果合同文件存在歧义或不一致，则根据如下优先次序来判断：

3.1 合同书。

3.2 甲方要求的标准及设计任务书。

第四条　本合同设计项目范围及内容

4.1 乙方的设计服务须按项目所在地规划部门和甲方的要求完成，按时提供高质量的设计成果。

乙方设计范围：本次合同设计的主要内容是指________项目所在用地范围内面积约______平方米的景观设计。

4.2 乙方的设计内容：设计包括景观方案设计、景观扩初设计(含竖向设计，需进行专题设计)、景观施工图设计以及现场施工设计指导四个阶段。

本项目的环境景观设计，包括场地、竖向、道路交通、围墙、门卫岗亭、硬景设计、软景设计、景观亮化和水电配套设计及其相关设计等，以甲方设计任务书确定为准。

（1）园林布局规划设计（含人行区、车行区、停车泊位和绿化空间之景观布局及修饰规划）；规划设计主要包括地形标高、路面坡度和表面排水概念、景观设计区域内排水管道布置、嵌接和排水方向等。

（2）园林土建设计，包括水景、围墙、喷泉、雕塑小品、大门、景亭、景墙、花架、台阶、栏杆、挡墙等（含景观结构、水、电等技术工程设计，对特殊工艺如张力膜等提供形式控制及关系协调工作等，四米以上的挡墙结构由建筑单位提供）。

（3）铺地设计，包括各类硬地及道路的地面铺装等。

（4）园林植物的配置设计（乔木、灌木、地被、草坪等）及种植土壤设计规范和植物品种的选择以及植物量统计。

（5）各水景效果及地面给排水组织原则设计。

（6）拟定灌溉之要求和准则、管道之排放及嵌接工程施工图纸。

（7）园林灯光配置设计及灯具造型意向选择。

（8）园林背景音乐系统及音响布点、外观设计、选型等。

（9）花池、铺地等景观设计。

（10）环境小品，如标识系统、花盆、长凳、垃圾桶等地面陈设品的意向选型及配置。

（11）雕塑品及艺术品选型意向及类别、尺寸、位置、材料的设计及休闲康体设施的环境布置以及其他构筑物的艺术处理。

（12）运动设施（如篮球场、网球场、羽毛球场等）的场地安排设计。

（13）若小区内含景观桥，则包含桥梁的景观装饰设计（不包括大型桥梁的结构及施工图设计）。

（14）施工图设计，该施工图是施工单位据以施工的依据。

（15）现场施工配合（包括出席专题会议、例会、现场解决问题、竣工验收等），施工期间乙方派专业代表到现场解决相关问题。

（16）提供工程概算。

（17）参加甲方或政府相关部门组织的整个园林景观设计方案汇报及工程竣工验收。

（18）外环境管网综合协调，与建筑、市政、标识、夜景照明等各专业配合统筹进行合图和水电系统设计。

4.3 乙方设计工作不包括以下内容：

（1）乙方保证本项目的环境景观规划与设计符合政府部门报批、报建的全部要求后，甲方负责项目报批、报建手续的办理，图纸送审。

（2）住宅建筑和室内设计（若架空层需由乙方设计，则计入景观设计面积）。

（3）监控系统不属于乙方设计制作，但乙方应对后期该部分设计提出书面的指导性建议及设计要求。

（4）特殊专业的施工图设计，特殊专业设计仅做至方案阶段（控制造型尺寸，必要时配以示意图片及文字说明）。特殊专业指：空间膜、音乐喷泉、钢结构、特殊结构处理（需专业设计资质的结构设计），水处理及循环设施、市政设施等，但是乙方可以提供建议和参考意见。

第五条　甲方需向乙方提交的有关资料及文件

5.1 提供经政府及相关部门审查通过的图纸和项目相关基础资料数据含电子版资料。

5.2 设计任务书。

第六条　本合同设计项目各工作阶段和成果要求及乙方向甲方交付的设计文件份数和时间

6.1 第一阶段：方案设计阶段。

（1）整理甲方提供的基础资料和相关数据。

（2）方案设计前期的准备工作，与甲方工程顾问及建筑规划设计师一起相互协调有关设计事宜交底，在建筑规划阶段提出景观设计方面建议。这些设计初期的研讨将构成景观设计的初步构思和设计概念。

（3）向甲方提供方案设计研究。

（4）方案设计阶段提供设计成果，可以彩绘草图结合意向照片形式表述，提供电子文件（含PPT文件及A3文本的JPG文件及设计成果的CAD格式文件）和纸质A3文本4套。

（5）本阶段工作周期为_____个工作日（自甲方交给乙方全部资料确认函之日起计算）。

（6）本阶段设计成果验收：以甲方出具方案设计的书面《确认函》的设计成果为准。

6.2 第二阶段：扩初设计阶段。

（1）乙方在得到甲方对概念方案设计成果的《确认函》《甲方关于进行扩初设计阶段的书面通知》以及相关设计基础资料及配合后，开始扩初设计阶段，对方案设计进一步完善，使之深化成为扩初设计图。

（2）扩初设计阶段提交成果包（A3蓝图8套，电子文件光盘JPG或DWG格式两套）。

（3）乙方应控制造价在与甲方要求的范围之内，景观工程投资控制在_____元人民币每平方米，原则上不可超出5%。

（4）本阶段工作周期为____个工作日（以日历天数计算）。

（5）本阶段设计成果要求：以甲方出具扩初设计的书面《确认函》的设计成果为准。

6.3 第三阶段：施工图设计阶段。

（1）乙方在得到以下甲方关于扩初设计成果的《确认函》以及相关设计基础资料及配合后，开始进入施工图设计阶段：①甲方与其他专家确认乙方初步设计的内容，下达乙方开展施工图设计并确定范围（如施工图有分期设计要求）；②甲方提供施工图相关的资料：建筑、结构、给排水、电、电信和燃气等工程相关资料；③其他相关资料。

（2）本阶段提供设计成果包括但不限于如下内容：

①总设计说明；②材料作法和物料图；③硬铺装类：硬铺装的设计总平面图、竖向总平面图、主干道定位总平面图、硬质景观详细定位平面尺寸及网格坐标图、硬质景观平、立、剖及大样图、各景点的平、立、剖图；④软景类：说明、苗木表、标准种植详图、乔木、灌木总平面图、乔木平面设计图、灌木平面设计图（灌木种类、高度、冠幅、面积数量、种植方式示意）；⑤水电、给排水、结构、标识、小品类：照明系统平面图和配电箱图、灯具型号选择及大样图、给排水平面图、结构图和剖面；⑥详图类：施工节点详图、各类细部详图。

以上详图包括所有景观小品的详细节点、做法；包括但不限于宣传栏、标识牌、售卖亭、装饰井盖、池底防水、车库顶板、透水层等。

（3）施工图阶段设计成果要求：合同要求所涉及的所有专业的设计图纸。

①蓝图8套，设计图电子文件光盘两套（JPG和DWG格式）。

②回答投标人和甲方的问题。

③此阶段工作周期为___个工作日（自甲方对设计扩初阶段书面确认之日算起，以日历天数计算）。

④本阶段设计成果要求：以甲方出具施工图的书面《确认函》的设计成果为准。

6.4 第四阶段：景观环境施工设计指导阶段

（1）出席甲方组织的施工图设计交底会议，听取甲方、施工监理和施工单位的建议，解答相关问题并签署意见。

（2）在开始施工前，协助甲方进行材料、种植种类和类别详细说明的确认。

（3）施工阶段指导、验收及其他服务。

第七条　设计费用数量和支付办法

经甲乙双方商定，本合同的设计费按乙方承担设计的环境景观设计面积计算设计费总价，规划方案、扩初设计、施工图设计合计计费单价按______元/平方米计价。本项目景观面积暂定为________平方米，本合同项目的设计服务总费用暂定为人民币:_________元整（￥________元整）。最终设计服务费按实际设计景观面积乘以计费单价结算。

7.1 此项费用不因政策文件、物价上涨、人工工资增加等任何风险因素变化而调整，同时该项费用包括乙方应缴纳的税金以及每一阶段应提供的设计服务及成果图纸、电子文件等所有相关费用的含税总价大包干。

7.2 超出合同范围的其他支出(图纸晒印费及相片、图片复印费、文本制作费等)，经甲方书面确认后乙方将向甲方收回成本。

7.3 景观设计费支付比例和办法。

7.4 设计中如因甲方原因及现场实际与原始设计条件发生变化引起重做或修改设计，工作量10%以内不收费，超过10%则按照相应设计面积收取费用，若由于乙方原因引起，乙方无条件变更设计。

（1）如应甲方要求、乙方分区域设计出图，甲方应根据各区域面积所占比例，按本合同第8.3条所规定的付款比例和进度向乙方支付设计费。（注：本条只适用于扩初及施工图设计阶段）

（2）甲方因故要求中途停止设计时，应及时书面通知乙方，已经进行的设计工作量费用的支付，按相应工作量比例进行支付。在甲方书面告知乙方后，乙方可不再进行后续设计，双方互不追究对方的违约责任。

（3）甲方按照上述约定支付设计费时，乙方须在甲方付款前开具合法有效的与当期应付款项等额的税务监制发票给予甲方，否则甲方有权可不予支付任何款项，并且不承担逾期支付款项的任何违约责任。

（4）各阶段图纸需经甲方书面审核确认后方可作为办理支付费用及结算依据（甲方应在收到相关设计资料10日内给出确认或不同意意见，否则乙方视为默认确认），甲方在审核确认后7个工作日内支付相应阶段设计费用，否则乙方有权顺延下阶段设计文件提交时间。

第八条　双方责任

第九条　违约责任

第十条　其他

第十一条　合同的签订与生效

11.1 本合同一式陆份，发包人3份，设计人3份，经双方签章后生效。

11.2 本合同生效后，双方履行完合同规定的义务后，本合同即行终止。

11.3 本合同未尽事宜，双方可签订补充协议，有关协议及双方认可的来往电报、传真、会议纪要等，均为本合同组成部分，与本合同具有同等法律效力。

第十二条　争议解决

合同发生争议，双方当事人应及时协商解决。协商不成时，向项目所在地人民法院提起诉讼。

甲　方：	乙　方：
（盖章）	（盖章）
法定代表人：	法定代表人：
代理人签字：	代理人签字：
单位地址：	单位地址：
开户银行：	开户银行：

银行账号：　　　　　　　　　　　　　　　　　　银行账号：
电　　话：　　　　　　　　　　　　　　　　　　电　　话：
传　　真：　　　　　　　　　　　　　　　　　　传　　真：
日　　期：　　年　月　日　　　　　　　　　　　日　　期：　　年　月　日

（2）建设项目任务书

委托方对工程项目设计提出的要求，是工程设计的主要依据，一般由委托方提供，详细列出甲方对建设项目各方面的要求。任务书是针对景观设计具体工作的指导文件，相对景观设计合同，景观设计任务书的内容更加全面、更加详细，是设计工作进行的重要依据。

景观项目任务书（目录）范例

正文部分：

一、项目概况
二、设计依据及基础资料
三、景观设计目标及内容
四、景观设计要求
五、景观设计成果要求
六、景观设计深度要求
七、景观造价估算
八、时间进度安排
九、合作方式
十、联系方式

附件：

附件1 总体规划设计图纸、报建总图电子文档 （必选）
附件2 现状地形图电子文件（必选）
附件3 设计范围详总平面图（总图上标明建筑一层平面图）（必选）
附件4 景观样板区范围图纸（可选）
附件5 政府文件：批文、意见书等（可选）
附件6 前期调研和定位报告、表格等（可选）
附件7 我司/地方常用及宜成活的植物名录（可选）
附录8 现状照片（可选）
附录9 场地绿化植被与水面分布图（标明树木坐标、半径以及水面定位）（可选）

（3）建设项目基础图纸

居住区设计工作开始前，委托方（甲方）应提供给承接方（乙方）有关场地设计的相关图纸，通常是电子形式。具体包括：

审核通过的原始CAD总平面图，居住区景观设计应配合建筑设计同时进行，通常情况下，提供的原始CAD平面图应包括设计工作需要的相关信息，如红线范围、场地标高、建筑布局和场地情况等，以此为基础，才能进行景观设计工作。

建筑设计相关图纸，包括建筑设计方案文本、建筑设计效果图、建筑管线及消防图纸、建筑单体一层平面图等。全面正确的建筑图纸，能够让景观设计与建筑设计完美配合，设计出准确、合理、风格协调的居住区整体环境。

1.5 居住区景观设计市场导向

居住是人类生存的基本需要，在历史的发展长河中一直受到重视，它随着社会的发展而不断变化，在近现代更是受到前所未有的关注。1933年，国际现代建筑协会所通过的《雅典宪章》中，就把居住作为城市规划四大功能活动之首。

了解中国居住区景观发展建设历史和现状是居住区景观设计人员必须做的功课。

1.5.1 居住区景观发展的历程

我国传统居住区建设已有了很高的造诣，以里坊、街巷、胡同、里弄为代表形式，并且在历史上产生了重大的影响，这些形式均是中国居住区建设的时代缩影，也是现代居住区建设发展的基础。中华人民共和国成立以后，我国在社会发展和建设上有了新的方向，从而也形成了具有中国特色的现代化居住区及居住区景观建设。从整体上看，我国居住区景观设计从最初的简单绿化到如今丰富多元的状态，发展得越发成熟，大致可分为启蒙阶段、起步阶段、发展阶段以及成熟阶段。

（1）启蒙阶段

20世纪50—70年代，本阶段开始重视城市规划的科学性，勇于实践探索，初步形成了居住区规划思想、体制、理论和方法。在居住区建筑上多体现为行列式布局，在景观上还未有“景观设计”的说法，而是停留在以绿化和小品为主的建筑附属绿地建设，处理方式大多为大量种植植物和草坪。

（2）起步阶段

20世纪80年代，本阶段是经历了动荡年代后的复苏阶段，在1978年党的十一届三中全会后带来了新的转机。在居住区建筑上仍然以行列式布局为主，高层建筑较少，居住区多为计划经济背景下建设的单位住房。在景观设计上，受住房制度改革的影响，开始关注居住区室外景观环境的质量，但原则上此时的居住区室外环境建设仍然算不上真正的“景观设计”。本阶段，除了之前的绿化以及小品打造以外，开始注重居民所需的公共活动场地的营建。

（3）发展阶段

20世纪90年代，我国改革开放政策的实施为住宅及居住区建设发展带来了重大的改变。经济体制的改革，促使居住区的形成机制发生了根本性的改变，由国家福利型转向了商品型。在该阶段居住区景观设计中，越发注重景观设计的多元化，这个阶段国家组织和举办了诸多的竞赛和会议，极大地提高了居住区景观设计的地位。如1980年在北京举行的塔院小区规划设计竞赛，该竞赛获奖实施方案以建筑高低错落、结构清晰、景观层次丰富为评价要点。同时该阶段居住区景观设计，注重景观设计思想的引领，将“以人为本”的思想引领到景观设计领域，对社会、文化、大众行为心理、生态保护等深层次问题加大了关注。再者，发展阶段的居住区，注重景观功能的延伸与更新，该阶段商业服务设施由传统内向型转化为设置于居住区人流汇集的出入口或主要道路的外向型，方便了居民的日常生活。同时在景观规划初期，增加体育活动场地以及各年龄阶段室外活动场所，比如儿童游乐区和老年休息区等。发展阶段的居住区在景观建设上更加多元化。

（4）成熟阶段

21世纪，我国经济得到了突飞猛进的增长，从而更加大了居住区的规划与建设，房地产市场发展迅速，商品房销售一度呈现火爆形式。在居住区设计上，注重整体的策划，主题贯穿始终，规划、建筑、景观多学科相互配合。景观设计注重烘托主题情境、风格多异，设计强调生态功能、实用功能以及审美功能的相结合，居住区景观设计倾向实用、健康、休闲，注重全方位、立体化的建设与发展。居住区景观设计在21世纪，得到了前所未有的关注度，被政府、开发商、设计师、居住者所关注与重视。

1.5.2 居住区景观设计存在的问题

进入21世纪，我国居住区及其景观建设虽然取得了巨大的成就，但是在这快速发展的表面现象后，还存在诸多的问题，了解问题所在，才能引导设计从业人员着手落实解决，才能让未来的居住区健康持续发展。当然，这个过程是长久而持续的，也需要政府、开发商、设计者的相互协调。以下对居住区建设规划中存在的主要问题进行简单说明。

（1）利益驱使，盲目建设，浪费资源

体现在开发商和购买者两个方面，商品房的性质导致了开发商能够从开发项目上得到巨大的经济效益，经济利益的驱使，让诸多开发商盲目建设居住区，从而出现了供大于求的现象，经过十多年房地产市场的火热之后，在2014年逐渐冷静下来，房价和新楼盘的开发呈现放缓的趋势。但是之前已经开发的诸多楼盘，仍然有很大部分资源呈现浪费，诸多城市呈现“空城”现象，如昆明呈贡，诸多开发商在该区域进行大规模开发，建设了大量的居住区，而入住率却非常低，整个区域到了夜晚变得十分冷清，出现“空城”现象。对于购房者，因置办新房、置换旧房或者房地产投资等需求，进行商品房购买，值得注意的是，中国很多家庭出现一家多房的现象，甚至一人就拥有数十套房产，造成房屋空置和资源浪费。由于贫富差距大，相比于经济困难的家庭，房价的增长，无疑更增加了这些人的负担。设计师在今后的设计过程中，应该更加关注资源浪费的问题，力求在未来做到合理分配资源，为合理的房地产市场以及让更多的人有房可居贡献出一份力量。

（2）“质”与“量”的不平衡

从改革开放后，我国住房转变为商品房，商品房形式给了开发商和购买者更大的空间。尤其是进入21世纪以后，开发商大量地购买土地，进行居住区开发，在这个过程中建设出数量巨大的居住区，在居民住房的“量”上达到了空前的高度，同时这个阶段也引发了火热的购房热潮。但是不可忽视的是，在快速而大量的居住区建设中，不乏部分商品房在建筑和景观环境上的质量不过关，在建筑上体现为消防、容积率、建筑材料质量不过关等，在景观上表现为景观绿地率不达标、景观公共设置配置不全、园林绿化偷工减料、景观施工材料质量不过关等问题。在居住区整体的开发与建设中，应该做到提高“量”的同时达到“质”的飞跃。

（3）缺乏个性，建设风貌雷同

在近年的居住区景观建设上，还存在一个明显的问题就是在景观整体风格上存在雷同现象。不同地区，政治、经济、文化、自然环境及资源都存在差异，而居住区本身应该是对所存在的时代环境及历史的缩影，每个居住区都应有自我的特色。如我国北方和南方在地域上存在差异，就在北方形成了四合

院，在南方形成了江南或者岭南自由布局的私家园林，虽然时过境迁，但是这些住宅是前人留给后人的宝贵财产。而纵观目前房地产市场，除了规模庞大的钢筋混凝土，又能给后人留下些什么?

（4）建筑风格与景观风格不协调

在我国，建筑设计和景观设计大多是不同部门或单位进行分别设计，加之方案的实施亦可能又由不同的建设单位进行施工，所以在居住区整体风格上会出现建筑风格和景观风格不协调或者最终施工效果和设计效果有出入等问题。面临这样的问题，需要做到建筑设计、景观设计以及建设施工人员等多单位、多人员的相互协调与配合。

（5）景观要素设计不合理

景观要素设计不合理，主要体现在居住区植物配置、小品设计、硬质景观上。

植物配置设计不合理体现在植物设计，要么盲目进行“绿地种植”，要么呈现“过度设计”的状态。设计师在设计过程中，往往在平面方案设计时，存在不知如何布置的空地，就直接填充草坪或种植植物，这种盲目的“绿地种植”和“见缝插绿”的行为是极为不严谨的，需要改正。另外，一些开发商为了节约成本，在植物种植上偷工减料，违反设计师的意图，将种植的树木的类型、大小进行随意改变，造成最终施工效果不佳，影响了居住者的利益。针对这样的问题，设计师要坚持自己的设计，让设计尽可能落实。另一方面恰恰相反，开发商在植物配置上则过分注重构图与形式，或者通过移植昂贵的大树来丰富景观，呈现“过度设计”状态，这样的方式违背了景观的生态原则与经济原则。植物配置内涵丰富，需要结合丰富的植物配置知识，做到合理配置，达到功能和审美的双重需求。

针对景观小品设计不合理，主要是因为市场上千篇一律的小品设施，导致小区景观环境失去特色。当然采用批量的工业产品，能够节约一定的成本，可以适当采用，但是在未来的居住区景观小品设计中，应该有更多的设计尝试和更多的可能性，创造出具有独立个性的居住区景观小品。

而硬质景观营造不合理，主要体现在景观人工痕迹过重。居住区景观设计活动，是人为地创造室外活动场所，但并不意味着对已有自然资源的完全否定和过多的硬质景观设计。在居住区景观设计活动中，应充分尊重和利用场地原有的自然资源，从生态角度出发，合理适当地布置硬质景观和构筑物，做到适可而止的干预。

【专题训练】

居住区景观市场考察

训练方式：

教师带队，学生分组进行实际项目考察。

训练内容：

选择所在城市2～3个口碑楼盘或成熟居住区进行市场考察。

训练目的：

①了解居住区景观设计的基本理论知识，初步掌握居住区景观设计的市场考察方法；

②通过实地考察，掌握居住区景观设计发展现状与市场要求；

③通过实地考察，亲身感受不同类型的居住区景观环境设计，加强对居住区景观设计的理解。

训练要求：

①结合课堂理论知识的学习，在考察过程中进行深化理解；

②在考察过程中，观察居住区景观设计的内容及功能体现；

③观察居住区景观设计的相关要素，比如植物的营造、水景的做法、构筑物的设置、公共设施的设置，以及小区环境中的景观照明等，通过笔记和数码相机进行记录；

④对考察的对象进行比较与总结，分析各自景观设计的亮点与不足。

作业上交形式：

①考察照片60张以上；

②考察报告一份。

2　环境营造与艺术体现

教学目标

①认识居住区景观设计环境营造的相关内容，学习如何科学合理地组织与规划人与环境以及建筑与景观的关系；

②掌握居住区景观设计艺术体现的要点，明确居住区景观设计艺术性表达的重要性；

③融合知识点，明确居住区景观设计的科学与艺术体现和设计方法，理论联系实际，找出居住区景观设计的普遍规律和重点，并在此过程中找到自己的设计思维方式，指引今后的设计工作。

教学重点

①居住区景观设计的科学营造方法；

②居住区景观设计艺术体现的表现。

教学难点

居住区景观设计的思维与方法。

2.1 人与景观环境

景观设计既是一门科学，也是一门艺术，两者缺一不可，居住区景观设计同样应当集合科学与艺术为一体。在居住区景观设计过程中，科学地组织和协调人与景观环境的关系以及建筑与景观的关系，有利于营造更加受到人们欢迎并且更加理性的居住环境。同时，居住区景观具体的设计中对艺术的追求有利于创造更加个性化的人居环境。居住区景观设计的艺术性表现是其设计的灵魂，缺乏艺术表现的居住区景观设计是枯燥与乏味的，不仅不能满足现代人的居住和审美要求，同时也不利于景观环境的可持续发展。

在目前的高等教育中，将景观设计人才大多划分在艺术设计类专业下，这也足以说明艺术对景观设计来说十分重要。但景观设计是一门综合性的学科，除了基础的知识和技能学习以外，要成为合格的设计师，必须在这个过程中有自己的思维与想法，这种思维和想法是基于对人类行为活动的深入理解、对社会文化的充分了解和对专业的深刻认识上产生而来的。

2.1.1 人在景观环境中的活动

景观规划设计强调开放空间，关注人在景观环境中的活动，应当要了解人的行为习惯（表2-1）。

表2-1　行为理论：人的根本需要

罗伯特·阿追 （Robert Ardrey）	亚伯拉汉·马斯洛 （Abraha Maslow）	亚历山大·赖敦 （Alexander Leighton）	亨瑞·毛瑞 （Henry Murray）	佩格·皮特森 （Peggy Peterson）
安　全 刺　激 认　同	生理需要 安全保障需要 爱与归属需要 尊重需要 自我实现需要	性满足 敌视情绪表达 爱的表达 获得他人的爱情 创造性的表达 获得社会认可 表现为个人地位的社会定向 作为群体一员的保证和保持 归属感 物质保证性	依赖 尊敬 权势 表现 避免伤害 避免幼稚行为 教养 地位 拒绝 直觉 性 救济 理解	避免伤害 性 加入社会团体 教育 援助 安全 地位 行为参照 独处 自治 认同 表现 防卫 成就 威信 攻击 拒绝 尊敬 谦卑 玩耍 多样化 理解 人的价值观 自我实现 美感

来源：刘滨谊《现代景观规划设计》

（1）聚居行为的产生

人类群居的必然性，人类同动植物一样，在彼此支持与共享的群体里生命会更加欣欣向荣。在古代，人们为了防御天灾、防止野兽或者战争而不得不居住在一起，从而形成了最初的聚居模式。而后，或因为农业、或因为工业、或因为商业、再或因为信仰等原因，形成了各种社区。在美洲拓荒时期，围绕海湾和河边的码头、在交通路线的十字交叉地带以及任何自然资源集中或者丰富的地方，都自发地形成了各种类型的居住区。在现代社会中，社会团体和工作联盟也会让人聚在一起，但是相对来说社会团体和工作联盟具有偶然性，而家才是永久的，因此邻里关系相对稳定。

（2）人在居住区景观中的活动

可归纳为以下三种类型：

①必要性活动。人类生活生存的必要活动，其最大的特点就是在于不受环境品质的影响，能满足基本使用功能。如人晚上要睡觉，就需要一个休息的场所，就算休息场所比较脏乱，只要能供其睡觉则可。居住区景观设计首要任务就是保证居民日常生活的必要活动，如保证夜间出行的照明、垃圾桶的设置、室外活动的安全保障以及环境的卫生维护等。

②选择性活动。选择性活动表明居民具有主观选择权，与环境质量有着密切的关系。比如饭后散步、遛狗、锻炼身体、家人游憩等活动，这些活动需要根据居民的状态选择性地进行，不受时间限制。环境优美、良好的居住区，更能吸引人们踏出家门进行户外活动，这是人的本能选择趋向。比如当需要到达同一个目的地，有两个选择，一条泥泞而破败的小路和一条绿树成荫的林荫大道，多数人会趋向于选择后者。环境良好的居住区景观，除了景观要素考究以外，在空间营造上要有其特点，多类型的空间营造能够吸引更多的人参与，比如开放空间、半开放空间、私密空间等。多样的空间类型能满足居民不同的活动需求，给予居民更多的选择。

③社交性活动。居住区景观中的社交性活动，主要是指居民小型的聚集活动，社交性活动同样与环境景观质量有着密切的关系。针对现代中国人生活的主流方式，居住区景观环境中社交活动集中体现在老年人和儿童这两个群体，年轻人在景观中的社交活动在时间和空间上相对局限。老年人在居住区景观中的停留度较高，社交性活动体现在或以三五人集中的闲谈、棋弈为形式，或以数十人的锻炼为形式，针对这些活动，设置相应场地。基于对儿童群体的关注，在社区中儿童游憩设施已经在居住区景观中得到广泛重视，在满足儿童游戏趣味的同时，通过在儿童游憩中的社交活动，让儿童身心更为健康。青少年和成年人，由于其学习与工作的原因，在景观中的活动时间集中在下班、放学后，或者在节假日，社交形式在体育运动或者亲子活动中得以体现。

居住区景观设计质量高低可以从居民的行为活动实现得以体现，必要性活动是对居住区景观的基本要求，而高品质的居住区景观环境才能更多地吸引居民进行选择性活动的社交性活动。

2.1.2　人在景观环境中的感受

约翰·O. 西蒙兹在《场地规划设计手册》中写道：“人们规划的不是场所，不是空间，也不是形体；人们规划的是一种体验……形式并不是规划的本质，它只不过是承载规划功能的外壳或躯体。”景观场所设计，不应仅仅是物质的存在，其设计的重点应在于创造这些场所给人的感受。人们可以通过落在街道的落叶来体验场所的季节轮换；可以在公园漫步的时候，体验鸟语花香；可以在宁静的教堂，体验新婚的誓言。不管是街道的落叶、公园的花鸟，还是教堂本身，这些均是以物质的形式存在，充当媒介，给参与其中的人们视觉、听觉、味觉上的感受和体验。建筑师安腾忠雄曾说过“通过自己的五官来体验空间，这一点比什么都重要”。

人在景观环境中的感受是通过风景或与景观相关的艺术形式来探讨景观体验与美学。居住区景观环境是人们室外活动较为集中与普遍的场所，在景观营造时，应注重人在景观空间中的情节体验，以全身心去融入、共鸣、参与、升华，去感受和参与。

2.2 建筑与景观

2.2.1 建筑风格与景观的协调

建筑风格与景观风格不协调的问题是我国居住区设计存在的特殊问题。针对问题的存在，应采取有效措施，力求解决。

（1）将建筑设计与景观设计的地位等同起来

学科的发展导致了建筑设计与景观设计的地位差异，现代建筑设计和景观设计在学科建设的时间、规模、人才培养方式和成就上有区别。建筑设计专业相对景观设计专业，学科建设时间更早，所以整体发展相对成熟，而且很长一段时间内，在我国环境建设中将建筑视为主体，而将景观设计定义为建筑的附属物。在人才培养上，建筑设计师大多是理工科出身，而景观设计师则是以艺术生的方式进入培养体系，在认识中，人们往往将两者地位区别开来。这样的背景，导致了建筑设计与景观设计在地位认识上产生了差距，从而导致了在建设过程中“重建筑，轻景观”的现象出现，影响了建筑与景观风格的协调。在未来设计中，要改变建筑风格与景观风格的不协调问题，首先要从意识上将建筑与景观的地位等同起来，找到双方的学科优势。

（2）规划师、建筑师、景观设计师工作的密切配合

我国居住区整体规划、建筑设计与景观设计大多分工进行，在时间、人员上跨度大，导致了设计协调工作不到位，而影响了建设风格的统一。解决这一问题，一则可以通过加强规划师、建筑师和景观设计师之间的密切协作，通过协作整合规划、建筑与园林，让三者互为融合与补充，以营造和谐的居住区风格；二则可以培养综合型人才，将知识面上升到一定高度，足够跨越规划设计、建筑设计和景观设计等多学科领域。

2.2.2 景观、建筑与人的统一

居住区建设的目的就是创造良好的人居环境，居住建筑提供给居民居住的内部空间环境，而景观则提供给居民相对应的外部环境，只有两者同时得以优化，才能创造出宜人的居住区。

人类在历史上对良好的居住环境不断地进行探索。美国建筑大师弗兰克·劳埃德·莱特认为：“建筑是大自然的点缀，大自然是建筑的陪衬，离开了自然环境，你欣赏不到建筑的美，离开了建筑，环境又缺少了一点精灵。”他的主张，清晰地说明了建筑与自然的协调与统一。他在1937年设计的流水别墅也充分地表现了他的这一设计思想（图2-1）。

流水别墅也是现代建筑早期最为成功的案例，流水别墅充分利用了自然、尊重了自然，真正做到了自然、建筑、人的和谐与统一。1971年，《马丘比丘宪章》中规定：“城市中每一座建筑及其空间不是孤立的，而是系统中的，而是系统中的一个单元。”再次否定了建筑在环境中的主导地位，明确了建筑

与景观的协调统一。系统分析的方法是科学的方法，系统地分析与协调建筑、景观与人的关系，是现代居住区设计着重解决的问题。

在现代住宅设计中，安滕忠雄的六甲集合住宅同样也是景观、建筑与人和谐统一的经典案例（图2-2）。该方案特点是在60°的斜面上建住宅，这样的角度在场地的设计上难度极大。在整体方案设计上因地制宜，安滕采取把斜面削平之后深挖、将建筑“栽”在地下的方法。如此一来，限高和遮蔽率的问题迎刃而解，六甲山集合住宅成了一个地上2层、地下1层、加起来共10层的标准小户型模范住宅社区。从远处看，这幢不大的建筑，宛如在绿树掩映的山麓上故意安放的一个由混凝土盒子和玻璃组成的装置玩具，与周围的自然环境惊人地融合，浑然天成。六甲集合住宅也开创了近现代居住建筑的集约化方式的先河，也是一个做到了景观、建筑、人相互协调与统一的优秀案例。

图2-1　流水别墅秋、冬景色　弗兰克·劳埃德·莱特

图2-2　六甲集合住宅　安滕忠雄

2.3 居住区景观艺术体现

在现代居住区景观设计中，对居住区的要求不仅仅局限于营造简单的室外场地或绿地种植堆砌的景观环境，科学的组织与建设是必要的，居住环境的艺术表达也是重要的。居住区景观设计艺术主要体现在居住区景观的形式美、居住区景观的设计风格以及居住区景观的文化艺术三个方面，三者是设计工作的主要入手点，也是设计作品特征与个性化的体现。

2.3.1 居住区景观的形式美

形式的表现是传达景观功能与审美的载体。良好的景观形式构成不仅能营造舒适的居住环境，还能给人强烈的审美感受。在居住区景观设计中，从整体的平面规划，到景观细部的构造，景观的形式美无所不在。

（1）整体的平面构成

景观平面的规划是有迹可寻的，并不是随意的涂鸦，在设计过程中，设计师拿到图纸后，常常不知如何下手，或者方案整体规划始终不能通过。景观平面规划，需要设计师有一定的设计构成基础与审美能力，成功的景观设计平面规划，就像绘画作品一样，具有美感及艺术性。

在居住区景观平面规划中，有主有次，根据主次则有不同的组团与轴线，这些组团与轴线则主宰着居住区景观的整体平面构成，从概念到图纸完成，景观平面规划方案制在形式上主要体现为三种，即几何形式、自然形式和混合形式。

①几何形式的景观构成。几何基本图形包括矩形、三角形和圆形。利用形式法则，将简单的几何图形进行重复排列，通过调整大小与位置，就能从排列的图形模式中衍生出新的设计形式（图2-3）。几种基本图形中，矩形被认为是最简单、最有用的设计图形，在建筑与景观形式中是最易于衍生和组合的图形；三角形被认为是有运动趋势的图形，其组合的形式具有动感；圆的魅力在于它的简洁性、整体感和统一感（图2-4至图2-6）。

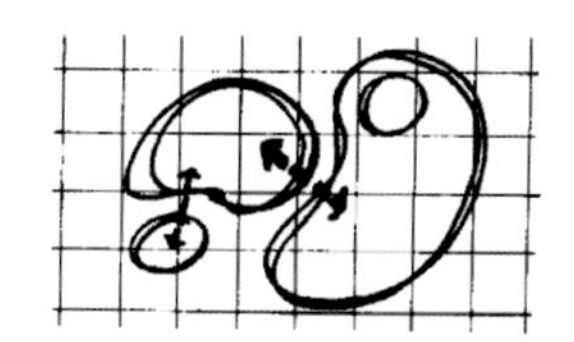
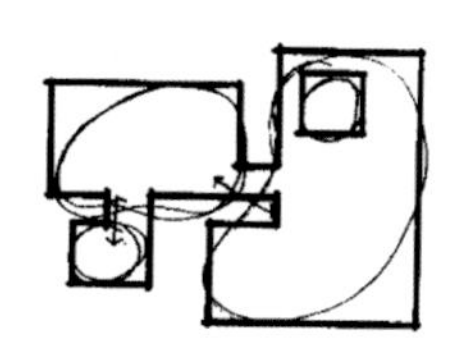
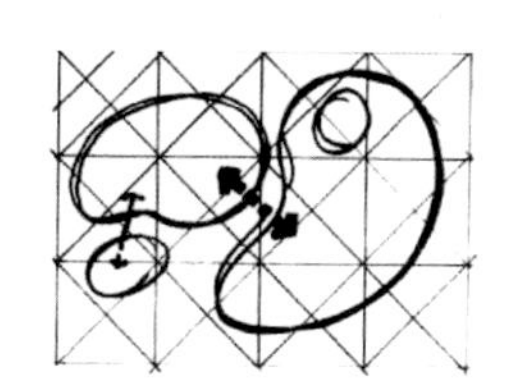
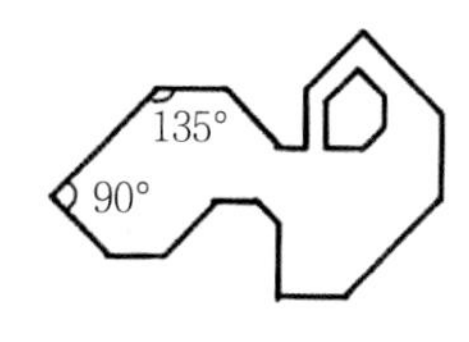

图2-3 几何图形的形式构成及几何形式的居住区景观

②自然形式的景观构成。设计是多元化的，有些设计师主张，景观设计在满足功能与形式后，要做到对场地最少的干预；有些场地，在设计风格和设计要求上，不适宜用几何形式去设计；有些场地本身也不允许运用几何形式的设计。

在衡量自然环境与建筑环境的强弱程度上具有弹性，取决于居住区设计中具体的设计方法和场地特性，自然形式的景观构成本身在生态上和形式上都符合现代景观的要求。居住区自然式的景观构成，一

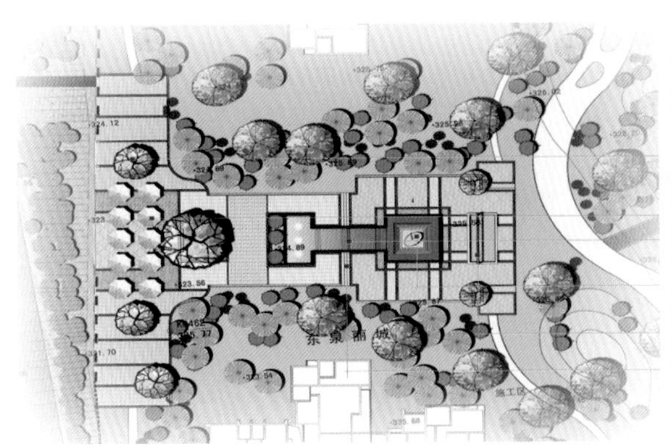

图2-4　重庆绿城上岛方案局部平面图

图2-5　重庆绿城上岛方案效果图

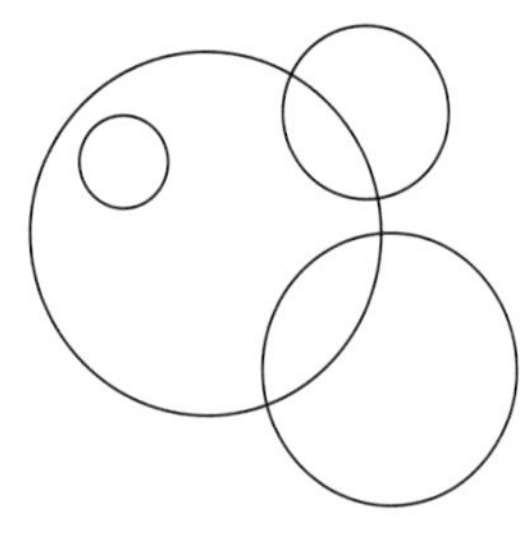

图2-6　重庆绿城上岛方案泳池平面图

种方式是充分尊重场地，依势而建，利用自然景观要素、地形高差和自然条件，做到对场地的最小干预，这一类型常常在独栋别墅或者旅游地产建筑中多见；另外一种方式，意图通过对自然界中存在的元素和形态进行重组，而人工创造自然形的居住区景观，这种方法的运用频率较高。人工打造自然式景观的时候，会不断向大自然学习，并寻找规律，这个过程在居住区景观的平面整体构成和局部构成上得以反映。自然式平面的形式可以通过模仿自然中的形态、临摹自然事物的肌理而形成，这样的平面规划往往曲线和自由形态较多，没有明确的轴线，整体构成流畅而柔和（图2-7）。

图2-7　龙湖艳澜山自然形式景观

③混合形式。顾名思义即是多种形态的组合，为了达到理想的景观效果而对各种形态的综合组织与利用。在平面布局上，善于利用各种几何图形与自然流线的结合，在构成上寻找关系，做到形散而神具的效果，最终的景观设计构成感、形式感强，整体协调（图2-8）。混合形式的景观平面布局在实际设计工作中是最为常用、灵活性较强的一种设计方法。

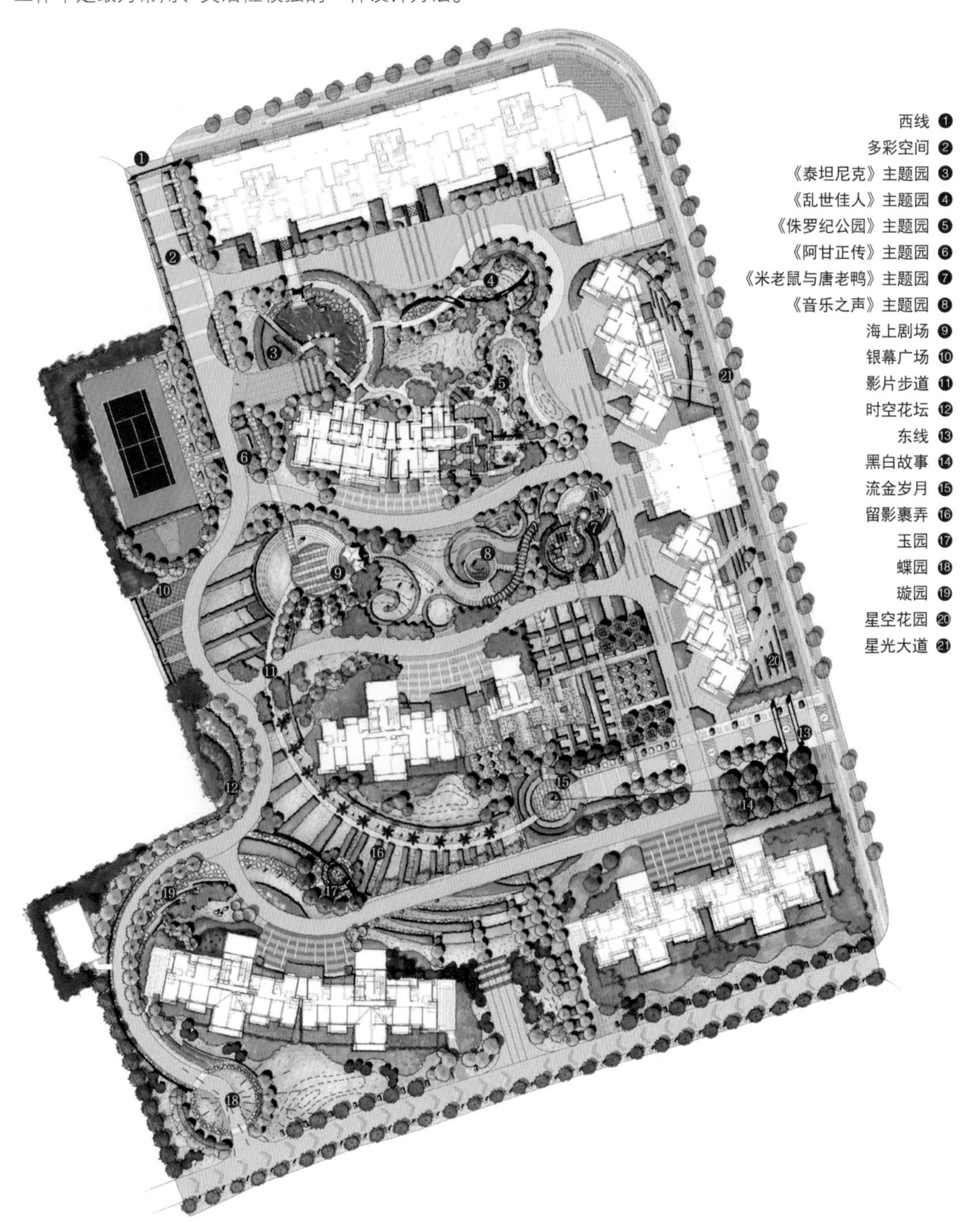

图2-8　上海海上星光居住区景观平面图

（2）细部的构造

居住区建筑景观的细部形式美主要体现在形态、色彩、材质、植物配置等方面。细节决定成败，细节也是居住区景观质量的重要体现，出色的景观细部构造，能够大大提高居住区的景观品质（图2-9）。

图2-9　注重细部构造的居住区景观

2.3.2　居住区景观常见的设计风格

所谓“风格”，是指不同时代的艺术思潮与地域特征相融合，通过设计师创造性的构思和表现逐步形成的一种具有代表性的典型形式，是设计师在设计构思过程中赋予空间整体的艺术形象的宏观定位。设计风格由其建筑风格和景观风格组成，两种风格在具体设计中应该是相互协调的。居住区风格是指居住区在整体上所呈现出的具有代表性的独特面貌。近年来，景观设计风格呈现出多元化的趋势，划分的方式有所不同，根据市场上常见的居住区风格类型，在此介绍以下几种典型的设计风格：

（1）现代风格

现代风格仍然可以细分为现代简约风格、现代自然风格。

现代简约风格是在现代主义基础上进行简约化处理，受到极简主义风格的影响，提倡“少即是多”的理念。简约被认为是景观设计的基本原则之一，简约的手法包括三点，一是设计简约，要求对场地进行认真的研究，以最小的改变取得最大的成效；二是表现手法的简约，要求简明和概括，以最少的景物表现最主要的景观特征；三是设计目标的简约，要求充分了解并顺应场地的文脉、肌理、特性，尽量减少对原有景观的人为干扰。现代简约风，景观以硬质景观为主，多用树阵点缀其中，形成人流活动空间，突出交结点的局部处理，对施工工艺要求较高。现代简约风格的景观，善于大胆地利用色彩进行对比，主要通过引用新的装饰材料，加入简单抽象的元素，景观的构图灵活简单，色彩对比强烈，以突出新鲜和时尚的超前感。在景观构成上，一般以简单的点、线、面为基本构图元素，以抽象雕塑品、艺术花盆、石块、鹅卵石、木板、竹子、不锈钢为一般的造景元素，取材上更趋于不拘一格。在现代居住区开发建设中，比较适合受众以年轻人为主的居住区景观建设（图2-10）。

图2-10　重庆新天地小区内部景观——现代风格

现代自然风格，强调现代主义的硬景塑造形式与景观的自然化处理相结合，整体线条流畅，注重微地形空间和成型软景配合，材料上多运用自然石材和木头。一般通过现代的手法组织景观元素，运用硬质景观，如铺装、构筑去、雕塑小平等，结合故事情景，营造视觉焦点，运用自然的草坡、植物造景，结合丰富的空间组织，凸显现代景观与自然生态的完美结合（图2-11）。

图2-11　万科城小区内部景观——现代自然风格

（2）欧式风格

欧洲的艺术在人类历史上占有重要的地位，但是由于地理位置相对中国来说比较遥远，多数人不能亲身或者长期体验欧洲国家的风情。随着近年来房地产行业发展的高热化与普遍化，打破了这一僵局，欧洲园林风格逐渐被移植到中国，在中国各个建造领域得到了广泛的运用和传播，在居住区景观建设中尤为盛行。这里的欧洲风格指的是泛欧风格，按不同的地域文化合成都可分为北欧、简欧和传统欧式；根据地域通常包括意大利、法国、英国、德国、荷兰、西班牙等欧洲国家，相应也在市场上形成了意大利风格、法式风情、英伦风情、西班牙风格、新古典风格、地中海风格等。这些风格在现代建筑设计、室外景观和室内设计上都得到了广泛的应用（图2-12）。

图2-12　杭州玫瑰园别墅区景观——欧式风格

欧式风格在整体上吸收了西方园林的特征，呈现一种贵族气质，景观厚重、大气、奢华。西方人的思想比较理性，这也同样反映在建筑景观风格上。在西方园林中强调建筑的主体性，强调突出建筑与轴线，园林的构图以建筑为中心。在景观布局中多采用几何对称式布局，大多都有明确的贯穿整个园林的轴线。园林的空间关系明确，园中重点突出、主次分明，各个景观组成部分关系明确、肯定，边界和空间范围清晰明了，空间序列层次分明，有秩序。

在我国现代欧式风格的景观营造上，常常根据西方园林的普遍特征，采用一些普遍的元素与手法。欧式建筑中最明显的特征就是柱子的构造与装饰线脚，这些柱子的构造有多种形式，造型优美、比例协调，常常运用于居住区景观的构筑物如亭子、廊架建造上。欧式水景的运用也是十分普遍的，在西方园林中，水都是有其固定姿态的，要么是规则形状的水池，要么是喷泉或者跌水，为整个园林增添了鲜活的气氛。在景观小品上，善于利用西方特色的雕塑小品，如人物、动物等，并常常结合水景进行综合利用。还有具有欧式风情的花钵，通常结合楼梯、座椅和花坛进行运用。欧式风格在植物栽种上也十分有特色，在植物整体种植上常常运用大片修剪的草坪结合大型乔木打造；沿着道路多运用乔木或者灌木模纹、绿篱打造有强烈序列感的林荫路景观；在小的景观节点营造上善于利用耐修剪或者树形整齐的植物，营造规则的植物群景观。

当然，由于欧洲地域广，国家众多，根据不同国家和地域也呈现更多细分的风格形式。如北欧风格，具有欧洲北部凝练庄重的厚实感，色调深层，气势宏大，植被浓密丰富，在一些大型的居住区规划中常常被采用；英伦风情，善于利用小型花园和丰富的植物搭配，结合洒满落叶的草地以及宁静的水面，以自然生态的景观为特色，常常运用到现代别墅景观的营造中；法式风情，在整体上呈现贵族风格与高雅的气质，布局上强调对称，细节上常常运用法式廊柱、线条、雕花等，呈现辉煌的气势。诸多的欧式风格在现代景观设计中得到了广泛的运用，也丰富着人们的眼球。

（3）中式风格

中国已有上千年的历史，在传统园林发展上有着高深的造诣，但进入信息社会后，人们的居住行为在不断变化，也有了新的要求，故在景观营造的风格上有了传统中式与现代中式（新中式）之分。

传统中式，拥有典型的中式园林风格特征，设计手法往往是在传统苏州园林或者岭南园林设计的基础上，因地制宜进行取舍融合，呈现出一种曲折转合中亭台廊榭的巧妙映衬，溪山环绕中山石林荫的区位渲染的中式园林效果，是在现代建筑规划的基础上，结合中国传统园林造园手法于现代居住区景观设计的一种风格。在居住区内部景观化建设上沿袭传统园林的造园特征，善于筑山、理水；注重建筑美与自然美的融合；整个景观环境注重诗画情趣，讲求意境蕴含。在植物和山水营造上，善于模拟大自然的美景和布局，利用梅、兰、竹、菊等植物，延续古典园林风格。总体上呈现出粉墙黛瓦、亭台楼阁、曲水流觞、曲径通幽的氛围。在现代居住区景观建设中，由于其造价高，耗时多，风格传统，不适用于大规模居住区的景观建设，而适用于一部分特殊住宅的景观建设。

现代中式，或称新中式，是在现代居住区景观设计中，将中国文化与现代时尚元素高度融合的一种新的形式。它利用现代设计语言和材料，在现代空间中对传统园林的构件和符号进行提炼和再生，展现中国历史悠久的传统文化。它突破了中国传统风格中沉稳有余、活泼不足等常见弊端，运用古典造园的典型特征和方法，呈现给现代人的一种新形象。其特点是常常使用传统园林的造园手法，运用中国传统韵味的色彩、中国传统的符号、植物空间的营造等来打造具有中国韵味的现代景观空间。新中式景观是传统与现代设计艺术的交融，既满足人们对传统文化的向往，又符合当今社会的审美观念和生活需求。在现代居住区景观设计中，得到了广泛的运用，早期典型代表，深圳万科第五园建筑及景观设计（图2–13）。

图2–13　深圳万科第五园　新中式风格

（4）东南亚风格

东南亚共有11个国家，由于其特殊的地理位置和气候，成为了当今旅游的圣地。当地人利用其宜人的气候、迷人的滨海景观及热带观赏植物资源，兴建了许多高档的旅游度假别墅和酒店，促进了热带园林的大量建造，并把这种风格推向了世界的舞台。东南亚风格根据地域划分，典型的有泰式风格和巴厘岛风情两种。现代景观中的东南亚风情，具有相当高的环境品质，空间富于变化，植被茂密丰富，水景穿插其中，小品精致生动，廊亭较多，具有显著热带滨海风情度假特征，常见于我国酒店或者高端会所的景观设计中。在居住区景观设计中，近年来在旅游地产打造的居住区和一些高档的居住区也会经常运用到东南亚风格。

东南亚风格景观打造时，常见要素与手法丰富且代表性极强。首先是热带植物的运用，以大型的棕榈及攀藤植物效果最佳。在东南亚热带园林植物中，绿色植物是突显热带风情的关键一笔，目前最常见的热带乔木有椰子树、铁树、绿萝、橡皮树、鱼尾葵、菠萝蜜等，这些植物极富热带风情，在东南亚风情的景观打造中运用频率极高。其次，东南亚风格另一个有代表性的手法就是水景的打造，人造泳池和人造沙滩常常被运用到现代居住区景观中，当然在一些中小型居住区中，对人造泳池和沙滩在体量上进行了一定的缩放和简化，但在具体的打造元素上并没有太多变化，比如泳池底部蓝色瓷砖的铺设、泳池边摆放躺椅和太阳伞，以及泳池周边运用器具、动物设置的小型喷泉等，整体上强调的是休闲、放松的气氛。再者是凉亭的运用，常见的有茅草或者原木打造的亭阁，大多为了休闲纳凉所用，既美观又实用。另外一些细节的打造也十分具有代表性，比如园林中的小径和特色的装饰。在东南亚风格中，园路常用原木或者鹅卵石打造，也可用原木与鹅卵石结合，以突出东南亚的自然、质朴为原则。庭院中的装饰上，常常采用富有宗教特色的雕塑以及手工艺品。东南亚风格继承了自然、健康和休闲的特质，符合现代人对生活的追求，所以在现代居住区景观中得以运用和传播，受到了房地产开发商和现代居民的青睐（图2-14）。

图2-14　深圳万科金域蓝湾　东南亚风格

2.3.3 居住区景观设计的文化体现

居住区景观设计文化主要体现在两个方面，一方面是东西方文化碰撞下的现代居住区景观设计；另一方面是基于中国传统文化的现代居住区景观设计。

首先，在信息社会的大背景下，现代社会开放性强，东西方文化不断的交汇与碰撞，从而让现代居住区景观设计呈现多元化的趋势。在未来居住区景观设计中，提倡东西方文化交融所带来的新思想、新技术，并加之运用，创造具有现代化气息的、新型的、符合现代人审美及居住要求的居住环境（图2-15）。

其次，中国现代景观设计起步较晚，发展时间短，虽然不乏有优秀的作品出现，但是，受近几年房地产市场的影响，居住区景观在设计建造活动中往往一味追求设计的产量，而忽略了质量，显得盲目而乏味。中国有着广阔的地域，悠久的历史和深厚的文化底蕴，居住区景观设计从文化角度去发扬与挖掘，其本身是一条可持续发展的思路，在一定程度上对未来景观设计有一定的指引价值，也是对我国物质与精神文化的延续。所以，做到居住区景观设计文化体现的可持续发展，应从以下几个角度出发，力求中国居住文化的可持续发展。

图2-15　惠州DADA的草地——艺术居住区　整个项目充分考虑项目用地特点，紧密结合地块周边的自然环境、城市基础设施、交通状况以及城市气候特点等因素。以极具现代感的建筑风格、棕榈园与海洋文化相融合的亚热带风情园林，为住户提供一个高素质的居住休闲空间。建筑总体上呈U形布局，围合朝向东面大海，环抱小区内约30 000 m^2的中央花园，会所、小剧场、室内恒温泳池以及露天园林泳池等配套设施一应俱全。

（1）传统造园手法的挖掘

中国园林在世界园林体系中占据着重要的地位，是世界三大园林体系之一，它凝聚着中国几千年的文化。值得注意的是“传统”并不意味着“陈旧”与“过时”，在当代居住区景观设计中完全抛弃“传

图2-16　万科第五园三期　第五园被喻为“华南现代中式第一盘”，是首个个性化、本土化、精神化的作品，它不是简单的继承复古，而是对传统中式院落、园林的精华提炼，它的设计更贴近现代中国人的生活。三期与一、二期形成完整的相依关系，在存留中式精髓的同时，设计更加现代，村落的感觉更强烈。建筑古朴、淡雅、幽静，景观设计更加自然生态。它将传统的街坊邻里感和人们内心深处的原始亲和性表现得更加淋漓尽致。

第五园从中国传统建筑与园林中吸取营养，在用现代的建筑手法体现中式院落精神方面作出了重要尝试。中国的富贵阶层，历来讲究院落，按中国人传统居住心理，首先强调有宅必有园，始为宝贵所在。物以类聚，人以群分，院落是中国宝贵阶层挥之不去的居住情结和传统审美习惯，因此第五园的设计从中国人骨子里的庭院情结入手，重返实现传统的街坊邻里感，为具有高层次需要的塔尖人群打造了现代的中式居所，这在第五园三期的内庭院设计里表现更加突出。

统”的造园手法是错误的。相反，针对居住区景观设计，对传统的居住文化与造园手法的挖掘与延续才是科学的、可持续的道路，在未来建设过程中应力求做到延续传统、新旧结合（图2-16）。

（2）历史文脉的传承

不同的地域有着不同的历史文脉，东方与西方在造园上存在典型的差异、中国北方和南方的居住形式也有所区别，地域不同、诸多环境要素亦会有区别。在具体的居住区景观设计中，应当充分尊重当地的历史文化背景，梳理当地的文化脉络，挖掘当地的建筑及园林的营造法式，创造与当地历史文脉相契合的、风貌相协调的居住环境（图2-17）。

图2-17　苏州华润平门府　苏州平门府位于古城核心区，与古城著名景点北寺塔仅一墙之隔，距离苏州四大名园之一的拙政园相隔1 000 m。本案地处苏州古城中的核心保护区，该居住区的建设对古城风貌有着不可言喻的历史责任。平门府居住区，在建筑景观整体上保持着“小桥流水、粉墙黛瓦”的苏州园林特色，充分遵循了地域文茂和古城肌理。

（3）民俗风情的表达

地区不同，居民的生活方式与习惯亦存在差异，在现代居住区景观设计中，力求考虑当地民俗风情，了解当地人的生活与行为习惯，打造迎合市场的居住环境设计（图2-18）。

图2-18　成都金房·华韵天府二期　小区建筑分为高层和三进三层传统中式巷院别墅，在景观设计中，结合建筑风格运用现代中式的设计手法，以“花”文化为背景，打造具有传统特色的川式民居空间。设计取意国画山水，以花乡特色为主题，营造丰富的花境，并以不同季节的点景的观花乔木作为视觉亮点，力图创造“花重锦官”的意境。设计师从项目的整体性和景观的延续性出发，在高层区与别墅区之间用一条“街巷”作为连接通道。街巷以及院墙曲折蜿蜒，产生出富于变化的景观节点和空间层次，以丰富的植物作为背景，形成川西民居中古街巷韵味的风景。在遵循传统造园与当地历史文脉的基础上，创造出符合成都人休闲要求的特色居住环境。

【专题训练】

居住区景观个案分析

训练方式：

利用PPT软件进行个案梳理与详细分析。

训练内容：

根据本章所学习的居住区景观设计知识，选择两个居住区实例进行个案分析。

训练目的：

通过居住区景观作品内容的分析，深刻理解居住区景观环境的营造要点，熟悉居住区景观设计的艺术表达内容，掌握居住区景观设计的设计风格。

训练要求：

①结合课堂理论知识的学习，在分析过程中进行深化理解；

②分析所选案例作品的景观空间布局、建筑与景观的关系、整体的景观构成、设计的风格、文化因子等，并总结案例的优点与缺点。

作业上交形式：

要求用PPT制作，页数20页以上，并附带文字说明。

3　设计要素

教学目标

①了解居住区景观要素设计的相关内容；
②掌握居住区景观要素分类及各要素常识。

教学重点

①居住区景观要素分类；
②硬质景观分类及各要素常识；
③软质景观分类及各要素常识；
④景观设施分类及各要素常识。

3.1 硬质景观设计

硬质景观设计是指在景观设计中构成整体设计基础设施部分规划、构思与控制，比如流通空间布局设计、铺装设计、树池设计、景观构筑物设计等。

3.1.1 流通空间布局设计

流通空间是建筑物之间以及内部等的连通空间的设计，也就是通道。区域通道之间的高度不同或者通道构成方式不同，构成方式可分为：道路、台阶和坡道等。道路的布局主要是在同一平面上的流通空间布置安排，类似于平面构成；而台阶和坡道则由于高差的原因形成的不同构成方式，从设计的角度上来说表现效果更加多样化（图3-1、图3-2）。

图3-1 丹麦 哥本哈根Super kilen城市改造

图3-2 丹麦 哥本哈根Super kilen城市改造

（1）道路

道路是克服或者改造地形变化的地面铺砌构筑物，是滞留空间的连接骨架，一方面它起到了疏导和引导居住区交通、分割和组织居住区空间的功能；另一方面，好的道路设计本身也构成居住区独特的形式美感。居住区道路对景观布局起决定性作用。因此，在进行居住区道路布局设计时，我们必须要对道路的平曲线、竖曲线、宽窄和分幅、铺装材质、绿化装饰等和建筑之间、建筑物内部以及景观节点之间分割与连接布局进行综合考虑，以赋予道路美感。

在设计过程中我们可以先用道路分割功能区；也可以先对滞留空间进行功能分区，然后像做构成一样来打破功能分区分割的大块大块的感觉。好的道路布局设计可以使在滞留区的生活更加便利、更加美观（图3-3、图3-4）。

（2）台阶

台阶是有高差平面之间的主要联系物，台阶设置在倾斜度大以及高低落差较大的地方。台阶踏面宽度不小于350 mm，高度不小于150 mm，台阶过长，中间设置休息平台，如果台阶主要是为老年人服务的，或者台阶踏步一侧的垂直距离超过600 mm时，应设计扶手。

基于对台阶的一般功能性描述，还发现台阶是一种可以改变单调设计的一种构成元素，使得半滞留空间比如像广场就可以在设计上不仅仅局限在平面形状分割的层面上发展，可以丰富化营造出所谓之“气场”。这个时代的设计赋予台阶这种传统古老的高差连接载体有了更新的设计意义（图3-5、图3-6）。

图3-3

图3-4

图3-5　Ben-Gurion大学入口广场

图3-6　泰国Pyne by Sansiri公寓花园

（3）坡道

一般的坡道最大的坡度为1：10，无障碍坡道最大的坡度为1：12，坡道的长度最好不超过10 m，在坡道的间隔处适当地设置休息平台。

坡道和台阶的作用和性质较为相似，通过和缓的倾斜的角度解决连接两个有高差的平面区域的流通问题；但是从设计造景的角度看，相比较台阶而言局部的潜力不是很大，而且所占的面积很大。倒是从安全通道以及特殊人群比如残疾人的轮椅方面提供了很大的便利，往往在通道的设计上是与台阶等一起并置的。

作为设计师应该挖掘一些看起来极其普通的造景方式的设计潜力，错位布置的方式可能更值得采用（图3-7、图3-8）。

图3-7

图3- 8

3.1.2 铺装设计

铺装是直接和人亲密接触的部分，铺装不参与空间造景造型，主要是在表面的颜色、质感和粗糙度等展现其表现力。也有铺装做简单造型的，主要靠铺装的新颖来抓住人的眼球。在当代，很多做法都可以视作一种设计造景方式，只要有创意而且实用更好的是大大提高效率。铺装因区域功能不同来决定，大致分为流通区域、滞留区域和半滞留区域。由于滞留空间多数是人居住的室内环境，而本文主要探讨的是环境大范围的广场、公园等方面的大场景设计，所以滞留区不在范围内，我们主要看的是流通区域和半滞留区域方面的铺装。

（1）流通区域的铺装（道路铺装）

道路在景观铺装中具有重要作用。道路的交通功能利于人流疏导，并不是以取得捷径为准则的。道路的设计宜充满生活气息，充分体现人与自然的和谐关系。道路的铺装设计显得尤为重要，铺装作为景观的装饰要素，它的表现形式必然要受到总体设计的影响，需要与总体设计风格一致（图3-9）。

图3-9

（2）半滞留区域的铺装（广场铺装）

在广场中，将铺装设计成一个大的整体图案，不同材质的铺装材料或者和绿化草皮结合起来用取得较佳的艺术效果，易于统一广场的各要素和广场空间感。在广场中间设计树池，转向透水性铺装与生态的回归，既可排水又可避阴，让城市广场生态优化。同时，优秀的设计可以使铺装具有区域功能明确分化以及丰富广场的景观造型变化（图3-10）。

（3）地坪铺装（草坪或塑胶地面）

地坪是各种地面的统称，是指通过某些特定工具、材料并结合相应施工工艺，最终使地面呈现出一定的装饰效果及特殊的功能。

草坪或者塑胶地面具有明确的的功能指向性，不是常规的地面所用的，草坪除外（图3-11）。

图3-10　波士顿莱文森广场

图3-11　丹麦 哥本哈根Super kilen城市改造

3.1.3　树池设计

树木布置在景观设计中，具有削弱建筑物尖锐度，减弱景观设计中一些景观节点的分割感，所以作为景观设计的重要构景元素。它们与地面接触的部分是需要精心设计的，除非是原生态主题的特殊情况等，起初主要是规则对称的几何图形作为原型，不过从图中可以看到，也可以做那种非常不规则参与造型的某些设计类型。不管形式如何都可以作为整个设计中的一个环节来考虑。树池的大小为1 200～2 000 mm左右，形式可以分为平树池、高树池、可坐人树池。

（1）平树池

树池外缘的高度与铺装地面的高度相平。池壁长度根据池大小而定，树池周围的地面铺装可向树池方向做排水坡。为了防踩可将树池周围的地面做成与其他地面不同颜色的铺装，这样既可起到提示的作用，又是一种装饰（图3-12至图3-14）。

（2）高树池

把种植池的池壁做成高出地面的树池。池壁的高度一般为150～600 mm，以保护池内土地，防止人们误入踩实土壤而影响树木生长。池壁的形式是多种多样的，可以种草花装饰（图3-15、图3-16）。

图3-12　波士顿莱文森广场

图3-13　贝尔根奥普佐姆城市广场景观

图3-14　牛津波恩广场

图3-15　里伯大教堂广场景观

图3-16　巴黎四季广场

（3）可坐人树池

可以在高大树木的周围，将树池与坐凳相结合进行设计，既可以保护树木，又可供人们在树荫下乘凉、休息（图3-17、图3-18）。

图3-17　里伯大教堂广场景观

图3-18　巴黎四季广场

3.1.4　景观构筑物设计

景观构筑物作为现代景观设计的独特部分，已经成为环境不可缺少的一部分，它与建筑一起组成了环境景观，反映了景观的精神面貌，体现了它的品质。

从形式上来说，可以和功能性进行融合，也可以独立于功能分区。但是从设计师的角度，前者往往优于后者，因为这为景观的独特性或者地方特色的产生创造了极大的可能性，更加融合于环境，影响生活于此环境中的人们，这同时也体现了环境艺术设计的真谛，即用设计影响人们的生活。

（1）景观型构筑物——雕塑小品

雕塑小品一般给人的印象都是独立于环境的一个具体的造型构筑物，也就是一个具体的实物。但是现当代设计越来越有这种倾向，就是雕塑融于环境，甚至就是那一部分环境的代名词。因为现代人更注重的是生活，雕塑不能给人有距离感，而要有“人在画中游”的感觉，用雕塑界的俗话说来就是一个“场”的营造。雕塑不再在环境艺术设计中扮演一种古老的架上艺术品，而是成为环境中的一个重要景观节点（图3-19）。

图3-19

（2）功能型构筑物

①入口大门：居住区大门设计要有标识性，与小区风格一致，让人眼前一亮（图3-20）。

②亭、廊：可供人休息、游览观赏、遮阳避雨，同时又是划分空间层次的建筑小品。形态多样，轻巧活泼，易于增加景观环境的景致（图3-21）。

图3-20　泰国Via 49公寓住宅入口景观

图3-21

③景墙栅栏：园内划分空间、组织景色、安排导游而布置的围墙，能够反映文化，兼有美观、隔断、通透作用的景观墙体（图3-22）。

④挡土墙：支撑路基填土或山坡土体、防止填土或土体变形失稳的构造物。在挡土墙横断面中，与被支土体直接接触的部位称为墙背；与墙背相对的、临空的部位称为墙面；与地基直接接触的部位称为基底；与基底相对的、墙的顶面称为墙顶；基底的前端称为墙趾；基底的后端称为墙踵。根据挡土墙的设置位置不同，分为路肩墙、路堤墙、路堑墙和山坡墙等。设置于路堤边坡的挡土墙称为路堤墙；墙顶位于路肩的挡土墙称为路肩墙；设置于路堑边坡的挡土墙称为路堑墙；设置于山坡上，支承山坡上可能坍塌的覆盖层土体或破碎岩层的挡土墙称为山坡墙（图3-23）。

作为功能型构筑物首要满足的是基本功能，这些景观小品就是人与环境发生联系的地方，再好的设计没有这些就没有了和人沟通的纽带，现代的设计更注重人性化设计，同时也丰富了我们的设计。

图3-22

图3-23

3.2 软质景观设计

软质景观通常指非人工材料或主要以非人工材料创造出来的景观效果。通常是自然的，常以水体经营与绿化种植为主。它在园林及建筑环境中起观赏、组景、分隔空间、庇荫、防止水土流失、美化地面的作用，也是大自然赐予人类的宝物。人类在创造自然中充分利用这些要素，产生了许多大地景观艺术。

3.2.1 水体设计

任何一个景观设计无论大小都可以引入水景，从层层波纹的静水到活力四射的喷泉，即使一个小型的水景也可以创造出各种各样的效果（图3-24）。

图3-24 比利时圣尼古拉街道水景

①静态的水：一般是指将成片状水汇集的水面形成的静水。静水是宁静，神秘的，它蕴含着无穷的韵味并令人产生无尽的遐想。一池池静水可给景园带来很强的生命力和动感（图3-25）。

图3-25

在色彩上，水可以映射周围环境四季的季相变化，在微风的吹拂下，可以产生条条波纹或层层浪花。在光线下，可以产生倒影、逆光、反射等，都能使静水水面变得波光晶莹、色彩缤纷，给庭园或建筑带来无限光韵和动感。静水是现代水景设计中最简单、最常用又最易取得效果的一种形式。就规则式水池而言，池壁顶面距地面高度一般为0.30～0.45 m ，除人工湖外，水面以高于地面为宜。若水面水位较低，便会有如临深潭的感觉。从亲水的角度出发，较为合适的尺度是水面距池壁顶面为0.2 m较为合理。土建池体设计一般常见的景观水池深度均为0.6～0.8 m，这种做法的原因是要保证吸水口的淹没深度，并且池底为一整体的平面，也便于池内管路设备的安装施工和维护。在儿童戏水池设计中，我们认为水深以0.2～0.4m为宜。

静态水的分类：规则式水景、自然式水景、游泳池。

规则式水景：规则式的水池以整齐简约的线条使人感到典雅，体现出建筑的古典风格。有时为了缓和规则式水池的严肃感往往以植物、花坛、建筑小品等将其柔化（图 3 -26、图3-37）。

图3-26　土人景观“方圆”

图3-27　澳大利亚花园

自然式水景：自然式水景形式主要通过曲折多变的岸线来表达，在边界多利用石、木等材料来构筑岸线并种植植物营造出自然逼真的生态型居住环境，体现出自然之美。自然式水景多采用自然式驳岸（图3-28、图3-29）。

游泳池：与水池、湖面这种观赏性的水景相比，游泳池还具有娱乐、健身的功能，丰富了景观的使用功能。大多数游泳池的造型是流畅的曲线，但也有一些是运用经典的不加任何修饰的规则型。池底的处理也可铺贴五彩缤纷的池底画以此来丰富水景的色彩（图3-30）。

图3-28　中国张家港小城河改造

图3-29　河北迁安三里河道景观

图3-30

②动态的水：流动永远是水的性格，流水是一种以动态水流为观赏对象的水景，可以通过控制水量、水深、水宽的大小来设计流水的效果，还可以通过水渠的形状和在水渠中设置主景石来引起景致的变化。除了自然形成的河流以外，小区中的流水常设计于较平缓的斜坡或与瀑布等水景相连。流水虽局限于槽沟中，仍能表现出水的动态美，给城市空间带来特别的山林野趣，甚至也可借此形成独特的现代景观。形的灵感来自于大自然，大自然用各种结合方式来塑造水之美韵。水景设计以自然为师加入了人类的思想而更显韵味。

所谓声，是指各种水体发出的声音，水的运动形成了不同音响，如潺潺溪流声、叮咚泉水声、澎湃海潮声等。景观水景中常常通过流水、滴水等不同手法，模拟自然界中的清泉，形成特殊的听觉效果。清泉汩汩，传递给人类的是窃窃私语的意境之美。

所谓色，也可称之为水的质感，它往往同动植物和岸边倒影结合成动人的水景。水常温下是无色晶莹的液体，其清洁纯净、晶莹空翠一直为人们所推崇，成为人格精神和心灵境界的映现，特别是近年来的灯光艺术使水景更加灿烂妩媚。

水世界在听其声、观其形、赏其色中尽展魅力。“风乍起，吹皱一池春水”的耐人寻味，“秋水共长天一色”的含蓄悠远，“明月松间照，清泉石上流”的轻柔灵动……水的空翠、清莹和悠远所呈现的意境之美是永远也道之不尽，诉之不完的。水在环境艺术设计中通过多种形式展示其自身的魅力，这种美将成为一种永恒（图3-31）。

动态水的分类：落水、喷泉、流水。

落水：落水是指各种水平距离较短、用以观赏由于较大的垂直落差引起效果的水体。凡利用自然水或人工水聚集一处，使水从高处跌落而形成白色水带的即为落水。根据落水的高度及跌落形式，又可分为瀑布、水帘、叠水、流水墙等（图3-32）。

图3-31　美的总部水景设计

图3-32　芬利公园水景设计

喷泉：喷泉是一种利用压力把水从低处打至高处再跌落下来形成景观的水体形式，是居住区动态水景的重要组成部分。现代喷泉常运用计算机控制水、声、光、色，使之显露出变幻莫测的景象，具有装饰性。它的喷水高度、喷水样式及声光效果可为小区增添生气，使人有凉爽之感，且吸引人的视线，深受业主们的喜爱（图3-33、图3-34、图3-35）。

图3-33　加拿大魁北克萨缪尔·德·尚普兰滨水长廊

图3-34　中山岐江公园水景

图3-35　日本长野轻井泽温泉酒店设计

3.2.2　植物设计

植物造景定义为：利用乔木、灌木、藤木、草本植物来创造景观，并发挥植物的形体、线条、色彩等自然美，配置成一幅美丽动人的画面，供人们观赏。

在营造优美的居住环境中，小区绿化的植物造景起着举足轻重的作用。采用简洁自然的手法，完善的植物配置，形成一个植物季相各异、丰富多彩的自然景观，为居民提供一个良好的生态环境，给居民带来心旷神怡的感受。

①道路绿化：是指在道路两旁及分隔带内栽植树木、花草以及护路林等。

道路绿化的目的：提升空气质量，改善交通环境，降低司机驾驶疲劳感，规划交通的标志（图3-36至图3-40）。

②中心绿轴绿化（图3-41）。

③宅间绿化：一个良好的楼间环境，不仅能平衡生态、美化住宅区，而且还能使居民在生理和心理上，得到舒适感和愉快感（图3-42至图3-44）。

④水体绿化。

水生植物的种类：浮叶植物、挺水植物、岸边植物、沉水植物。

图3-36　龙湖地产道路景观

图3-37　万科悦湾

图3-38　美国宾夕法尼亚大学景观

图3-39　中国天津“桥园”（土人作品）

图3-40　荷兰阿姆斯特丹菲英岛社区景观

图3-41

图3-42 比利时圣尼古拉街道景观

图3-43 Life@Ladprao 18公寓花园景观

图3-44 上海某中学校园景观

常用水生植物：

浮叶植物：睡莲、玉莲、芡实、凤眼莲、莼菜、萍蓬、菱、红菱、水浮莲、金银莲花、眼子菜、荇菜、水罂粟、田叶萍、水皮莲、善菜等。

挺水植物：荷花、菖蒲、水芋、雨久花、千屈菜、燕子花、花蔺、水芹、水葱、再力花、鸭舌草、慈菇、芦苇、石菖蒲、风车草、纸莎草等。

岸边植物：落羽松、水松、红树、小叶榕、水杉、池杉、羊蹄甲、水蒲桃、旱柳、竹类、枫香、黄菖蒲、西伯利亚鸢尾、玉蝉花、玉簪等。

沉水植物：红柳、血心兰、羽毛草、地毯草、红椒草、皇冠草、金鱼藻、狐尾藻、牛顿草、红蝴蝶、香蕉草等。

水边空间绿化不但可以美化环境，还可以改善水质。

水面植物配置水面景观低于人的视线，与水边景观呼应，加上水中倒影，最宜观赏。水中植物配置用荷花，以体现“接天莲叶无穷碧，映日荷花别样红”的意境。但若岸边有亭、台、楼、阁、榭、塔等园林建筑时，或种有优美树姿、色彩艳丽的观花、观叶树种时，则水植物配置切忌拥塞，留出足够空旷的水面来展示倒影（图3-45）。

图3-45　岐江公园

⑤外缘防护绿化。

防护绿化的作用：净化空气、减少尘埃、吸收噪声、保护居住区环境，同时也有利于遮阳降温、减低风速、防西晒、改善小气候等（图3-46）。

图3-46

3.3　景观设施设计

景观设施是居住区环境重要的景观构成要素。它具有一定的实用性、功能性和观赏性。按其使用功能分主要分为服务性设施、照明设施、游乐与健身设施。

3.3.1　服务性设施

在居住区中，服务性设施主要是满足居民日常生活所需的各类公共服务，所以该类设施应极易辨认，选址应注意减少混乱且方便易达。在设计时应充分考虑它们与环境、居民之间的关系，保证在实现它们功能性的同时又能达到美化环境的效果。常见的服务性设施有户外座椅、音响、电话亭、标牌、垃圾箱、服务亭点、公共厕所等。

（1）户外座椅

户外座椅是居住区环境中提供居民休闲和交流的不可缺少的设施，同时也可作为重要的装点景观进行设计，其造型和色彩应结合周围环境来考虑，力求简洁实用。室外座椅的选址应注重居民的休息和观景，既要满足使用者需要的舒适感和安全感，也要保证使用者坐有所视。户外座椅的设计尺寸：普通座椅高为380 mm～400 mm；座面宽为400 mm～450 mm；长度：单人椅600 mm左右，双人椅1 200 mm左右，三人椅1 800 mm左右；靠背座椅的靠背倾角以100°～110°为宜（图3-47）。

图3-47

（2）音响

在居住区户外空间中，宜在距住宅单元较远地带设置小型音响设施，并适时地播放轻柔的背景音乐，以增强居住空间的轻松气氛。音响设计外形可结合景物元素设计。音箱高度应在0.4～0.8 m为宜，保证声源能均匀扩放，放置位置一般应相对隐蔽（图3-48）。

图3-48

（3）标牌

标牌设施是居住区环境传播的主要媒体，所以其位置应醒目，且不对行人交通及景观环境造成妨害。标牌的色彩、造型设计应充分考虑其所在地区建筑、景观环境以及自身功能的需要，文字应规范准确，图示应简洁、易于理解。标牌的用材应经久耐用，不易破损，方便维修。各种标牌应确定统一的格调和背景色调，以突出物业管理形象（图3-49）。

图3-49

（4）垃圾箱

垃圾箱分为固定式和移动式两种，一般设置在道路两旁和居住单元出入口附近的位置，便于居民使用。其造型应与周围景观相协调，美观与功能兼备，可以结合绿化、花坛等进行设置和隐藏，或结合其他小品、设施创造多功能的用途。普通垃圾箱的规格为：高60～80 cm，宽50～60 cm，放置在公共广场的要求较大，高宜在90 cm左右，直径不宜超过75 cm（图3-50）。

图3-50

（5）服务亭点

一直以来，服务亭点都是公共服务体系中必不可少的硬件基础设施，承担着为民、便民、惠民等重要的服务职责。服务亭点的选址应结合人流活动路线，其造型要新颖，富有时代感，并能鲜明地反映服务内容以便于人们识别、寻找（图3-51）。

图3-51

（6）公共厕所

公共厕所是居住区必要的组成部分，可方便人们生活。公共厕所的设计应以人为本，符合文明、卫生、适用、方便、节水、防臭的原则，其外观和色彩的设计应与环境协调，并应注意美观。公共厕所也可以和其他配套设施（如运动场）设计在一起，四周可用能够净化空气的植物加以修饰和遮挡（图3-52）。

图3-52

3.3.2 照明设施

居住区的公共照明设施能增强对物体的辨识度，提高夜间出行的安全度，保证居民晚间活动的正常开展，同时也能营造环境氛围，在居住区的交通安全和人民生活中居于举足轻重的地位，发挥着不可替代的作用。照明设施的设计不但要考虑必要的夜晚照明，还要注意它在白天的视觉效果。其整体造型要协调，要符合环境因素间的关系。由于照明设施设置的环境不同，对于其照明方式及灯具造型的要求也有所不同。居住区照明设施按设置环境主要分为路灯、树池灯、草坪灯、水景灯和地埋灯。

（1）路灯

居住区路灯在满足照明功能性的前提下，更要注重美观性，可选择一些外形美观的灯具。路灯高在3~4m，间距为10~15m，单个光源功率不要过大，灯具不要安装在居民楼一层窗户附近，避免影响居民休息（图3-53）。

图3-53

（2）树池灯

树池灯的设计应让树与灯光结合成夜间的美态，起到点缀和装饰的作用（图3-54）。

图3-54

（3）草坪灯

草坪灯属于点缀型灯具，应避免炫光，采用较低处照明，光线宜柔和，一般高度为0.5~0.8m（图3-55）。

图3-55

（4）水景灯

水景灯应防水、防漏电，参与性较强的水池和游泳池使用12V安全电压（图3-56）。

图3-56

（5）地埋灯

埋地灯自身体积小、间距短，其造型和灯光颜色可根据周围环境而定。具有防水性、耐高温、承重能力强的特点，应用范围较广（图3-57）。

图3-57

3.3.3 游乐与健身设施

（1）游乐设施

儿童游乐场设施的选择必须结合儿童特点，能吸引和调动儿童参与游戏的热情，兼顾实用性与美观性，色彩可鲜艳，但应与周围环境相协调。游戏器械选择和设计应尺度适宜，避免儿童被器械划伤或从高处跌落，可设置保护栏、柔软地垫、警示牌等。儿童游乐设施主要有沙坑、戏水池、游戏墙、迷宫以及一些成品的儿童游乐器械。

①沙坑：居住区沙坑一般规模为面积10～20 ㎡，深度40～45 cm；沙坑形状可结合地形及周围环境来设计，四周应竖10～15 cm的围岩，防止水土流失，沙坑内应设排水沟（图3-58）。

图3-58

②戏水池：尺度应满足儿童身体尺寸，水的深度一般在15～30 cm，水体的边缘和底部应有防滑处理，可适当设置喷泉、雕塑等增添趣味性，同时安装水质过滤装置，或保持更换用水，保证水源清洁（图3-59）。

③游戏墙：墙体高度控制在1.2 m以下，厚度为15～35 cm。墙上可适当开孔洞，供儿童穿越和窥视产生游戏乐趣，墙面可加以儿童绘画装饰，使其更具吸引力（图3-60）。

图3-59

图3-60

④迷宫：迷宫可锻炼儿童的体能，促进儿童的记忆力和判断能力。一般由灌木丛林或实墙组成，墙高一般在0.9～1.5 m，以能遮挡儿童视线为准，通道宽为1.2 m；灌木丛墙需进行修剪以免划伤儿童（图3-61）。

⑤儿童游乐器械：成品的儿童游乐器械包括滑梯、秋千、单杠、跷跷板，以及一些攀爬器械等，一般由甲方指定（图3-62）。

图3-61

图3-62

（2）健身设施

居住区内的健身休闲活动是居民娱乐消遣的一部分，健身设施的发展对全民健身计划具有重要作用。居住区内健身设施品质的好坏直接影响人们的生活质量。一般而言，居住区健身设施主要包括运动场、健身器材以及健身步道等方面。

运动场应分布在方便居民就近使用又不扰民的区域，不允许机动车和非机动车穿越运动场地。健身运动场包括运动区和休息区，运动区应保证有良好的日照和通风，地面宜选用平整防滑适用于运动的铺装材料，同时满足易清洗、耐磨、耐腐蚀的要求；休息区布置在运动区周围，供健身运动的居民休息和存放物品。休息区宜种植遮阳乔木，并设置适量的座椅（图3-63）。

健身器材要考虑老年人的使用特点，要采取防滑防跌倒措施，以确保使用的安全性（图3-64）。

健身步道要体现人性化的设计理念，将观景休憩与健身有效地结合在一起，使居民释放工作压力、增强体质（图3-65）。

图3-63

图3-64

图3-65

【专题训练】

居住区景观要素设计分析

训练方式：

老师带队，学生分组进行实地考察。

训练内容：

根据本章所学的居住区景观要素设计知识，选择附近一个居住区进行分析。

训练目的：

通过对居住区景观要素设计分析，掌握居住区景观要素设计方法和要点。

训练要求：

①结合课堂理论知识的学习，在分析过程中进行深化理解；

②分析所选案例的景观要素的设计，总结案例景观要素设计的优点与缺点。

作业上交形式：

学生以提案的形式讲解自己分析的居住区景观设计要素。

4　设计流程

教学目标

通过学习，学生能够掌握居住区景观设计基本流程（前期设计、概念设计、方案设计、扩充设计以及施工图设计）的具体内容和设计要点；并且需要了解设计完成后还需要“后期服务与设计”通过对方案文本的反复修改与完善，更加深入设计方案，全面分析项目的前期的设计概况，结合实际概况更加深入了解并且设计实用可行的居住区景观设计。

教学重点

①了解并熟悉甲方提供的设计任务书及基础资料。
②对项目现场的实际勘探（地物、地形、地下管道）位置的参照。
③方案设计（结合地形地貌对于元素、符号、理念的优化）
④扩充设计
⑤施工图设计（了解基本内容以及图纸规范化）
⑥后期服务

教学难点

①方案设计
②施工图设计

4.1 设计前期

4.1.1 设计任务书与基础资料

附录

设计任务书与基础资料

在解除项目的初始阶段，首先应仔细阅读甲方提供的设计任务书及基础资料。设计任务书一般包含设计依据及基础资料、景观设计内容、景观设计要求、景观设计成果要求、景观设计深度要求、景观造价估算、时间进度安排、合作方式等。在阅读任务书期间，就任务书中甲方的要求、基础资料等有不清楚的地方务必反复与甲方沟通达成一致为止。

××××项目景观设计任务书

编制单位：×××××××××

年　月　日

（1）项目概况

（2）设计依据及基础资料

①设计依据：

《中华人民共和国合同法》《中华人民共和国建筑法》《建设工程勘察设计管理条例》《建筑工程勘查设计市场管理规定》《建设工程质量管理条例》和中华人民共和国建设部2003年版《建筑工程设计文件编制深度规定》（以下简称《深度规定》）。

国家及地方有关建设工程勘察设计管理法规和规章。

建设工程相关批准文件。

②基础资料：

规划设计图纸（中间成果）一份；

设计范围详总平面图，见“附图1”（总图上标明建筑一层平面图）。

（3）景观设计内容

①总图评估。

②总体环境规划设计。

③硬质景观概念、方案及扩初设计。

④软景概念、方案及施工图设计。

⑤水景设计；与建筑有关的私家花园、前场入口花园设计。

⑥基地附属道具的选择（需要提供3种不同样式）和布置。

⑦基地坡度、灯光照明及给排水概念设计。

（4）景观设计要求

①整体风格要求：以“______________”的景观设计理念为主，充分利用现有地形，结合自然山水，营造__________生活氛围。

②景观概念希望延续__________________设计概念，即整体为______________的景观风格，通过硬景的设计风格较现代，软景的设计风格较自然来表现；要求各中庭景观在总体概念的前提下存在差异，我司建议各中庭采用不同的主题树种及在配置方式上采用不同的形式来表现中庭间的差异。

③由于_____气候特殊（阳光少、酸雨多），材料选择、色彩搭配以及细部处理都应根据____气候重点考虑；要求进行植物配置时结合重庆特定的气候特征充分考虑树荫。

④基地高差较大，请景观设计时综合考虑景观与建筑的关系和与建筑立面风格的协调统一，在总图上进行整体布局设计。

⑤软硬景比例为85%（软）：15%（硬），提供给设计参考。

⑥要求在设置水体景观时应考虑湖水利用、水循环系统及过滤、清洗问题。

⑦公共区域要求考虑预留公共停车位______个，我司建议停车场的平面布局采用2～3个停车位形成一组，要求不同位置的公共停车位结合该处周围景观的风格采用不同的方式处理。

⑧私家花园的范围划分最少应在______m^2以上，要求在景观设计过程中结合景观效果考虑花园平面形状；请考虑4个私家花园设计和4个典型前场入口花园设计（要求图纸达到施工深度）；要求对私家花园的围界及围界门形式进行设计，要求以1.2 m高来控制隔断高度，隔断及周围植物配置后需满足私家花园私密性。

⑨要求结合道路两边环境景观的效果对人行入户道路、信报箱、入户门牌进行设计。特别强调联排别墅端头户型部分为侧面入户的户型。

⑩组团中间建筑设计时考虑了一个长约______m的水景空间，并在旁设有亲水建筑，请景观设计时从亲水性和私密性的角度来考虑。

⑪组团中地下车库和采光井较多，请设计景观时考虑植物种植的分布和天井私密性的围合。

⑫组团中有许多节点景观，需要设计时重点考虑。

⑬我司已将我们常用的和易成活的植物提交给贵司，建议配置植物时参考使用，考虑植物的成活率和易采购性；水体边不能考虑落叶植物；植物布置图采用高、中、低分层表示，以便我们清楚植物的空间效果。

（5）景观设计成果要求

①尺寸应以公制单位标注。

②设计中间交流及设计成果中提交图纸的所有文字均应为中文简体。

③概念阶段设计成果要求:图纸为A3图册两份，含以下内容的光盘一份。

a.总平面彩图；

b.平面布局意向图及分析图（功能、空间、交通等）；

c.设计理念文字说明；

d.重要位置设计意向图片和剖面图；

e.绿化及景观分析图（软景概念）；

f.概念方案汇报。

④方案（扩初）DD1阶段设计成果要求（硬景）:图纸为A3图册两份、大图一份，含以下内容的光盘一份。

a.扩初平面总图及主要功能分区图；

b.总体竖向设计图及交通系统分析图；

c.灯光配置图、给排水和灌溉指南图、剖面图；

d.重点位置效果图和局部放大平面图、剖面图；

e.物料样板及供应商资料；

f.工程量（或工程成本概算）。

⑤扩初DD1阶段设计成果要求（软景）:图纸两份，含以下内容的光盘一份。

a.扩初方向性植物布置平面图（乔木位置、灌木位置、草坪位置）；

b.植物目录表及植物组合意向图片；

c.标志树位置效果图和剖面图；

d.土壤造型概念平面图。

⑥扩初DD2阶段设计成果要求（硬景）:图纸八份，含以下内容的光盘一份。

a.扩初平面总图及主要功能分区图；

b.总体竖向设计图及道路系统图；

c.灯光照明、背景音乐设计图、水景设计图、给排水和灌溉系统图；

d.局部放大平面图、剖面图，铺装图；

e.景观细部构造详图及材料选择；

f.物料样板及供应商资料；

g.设计说明；

h.放线图；

i.提供甲方成本概算所需的有关资料（工程量）。

⑦扩初DD2阶段设计成果要求（软景）:图纸八份，含以下内容的光盘一份。

a.植物种植平面图（乔木位置、灌木位置、草坪位置）及详图；

b.植物目录表及数量；

c.标志树种植图；

d.土壤造型详图；

e.表面排水详图。

（6）景观设计深度要求

①设计成果应满足中华人民共和国建设部《建筑工程设计文件编制深度规定》2003年4月版的要求；必须达到中华人民共和国的有关规范、规定及本项目设计合同规定的设计标准、设计深度、设计效果的要求。

②工作内容应满足甲方提出的设计合同、设计任务书及中间交流书面文件（传真等）的要求。

（7）景观造价估算

（8）时间进度安排

设计阶段	内　容	时间节点	地　点
景观概念设计（硬景）	启动项目，发出设计任务委托书		
	提交概念方案设计		
	设计中间成果交流、概念方案修改、确认		
景观方案设计（硬景）	提交方案（扩初）设计		
	设计成果交流汇报、修改、确认		
景观扩初设计（硬景）	扩初开始设计		
	提交扩初（DD2）设计		
	设计成果交流汇报、扩初修改、确认		
	提交扩初最终设计		
景观方案设计（软景）	软景概念方案开始设计		
	提交方案设计		
	设计成果交流汇报、方案修改、确认		
景观扩初设计（软景）	提交扩初设计		
	设计成果交流汇报、确认		

（9）合作方式

①概念设计阶段——以　　　　为主。

②方案及扩初设计——以　　为主。
③实施施工图设计——以　　　　为主，　　　　提供咨询和协助。
④设计人员来我司汇报5次，具体时间见进度安排。

4.1.2　现场踏勘

景观项目开展初期，开展方案设计前，项目公司会组织设计单位对项目现场进行实地踏勘，设计单位也会根据方案设计的需要组织对项目现场具有针对性地踏勘。经过多次现场踏勘后设计单位提出的方案将更为合理，可实施性更高，同时也可为后期的施工图阶段铺垫坚实的基础（图4-1）。

图4-1

现场踏勘的内容：
①设计前期的准备、资料收集、必要的调研；
②去现场必须带圈定设计范围的现状地形图；
③参照地形图对现场用地的地物、地形、地下管线位置等进行踏勘；
④对设计范围内必须受保护的相邻建筑、古树名木等要查询；
⑤和本设计范围相邻场地、建筑情况的观察，尤其要查看相邻建筑是否会对委托的项目构成不利的制约因素；
⑥必须对圈定的设计用地边界范围大小进行现场核定（含必要的丈量）；
⑦听取甲方对设计项目的功能和使用上的意见和要求，对设计上的重大问题同甲方研究讨论，以利于工作开展。

4.1.3　设计构思

景观设计制作构思是设计的前提，有了构思才能够更好地设计制作出更完美的效果图。景观设计的构思表达主要是从专业的角度，以图示的方式清晰地表达设计构思，用于交流并指导后期物化设计。

景观设计构思表达方式的专业形式语言主要有景观设计草图、景观设计方案制图和景观设计效果图等。

景观设计草图主要是通过徒手线条图的方式来完成的，因而，景观设计草图又可称为景观设计徒手草图；景观设计方案制图是对设计构思更加系统、规范、完整的表达，是正式的设计文件。

其次借助于绘图仪器或计算机软件，也常结合一定的徒手线条来完成；景观设计效果图，既可以通过徒手作图的方式，又可以借助于绘图仪器或计算机软件或二者结合来完成（图4-2）。

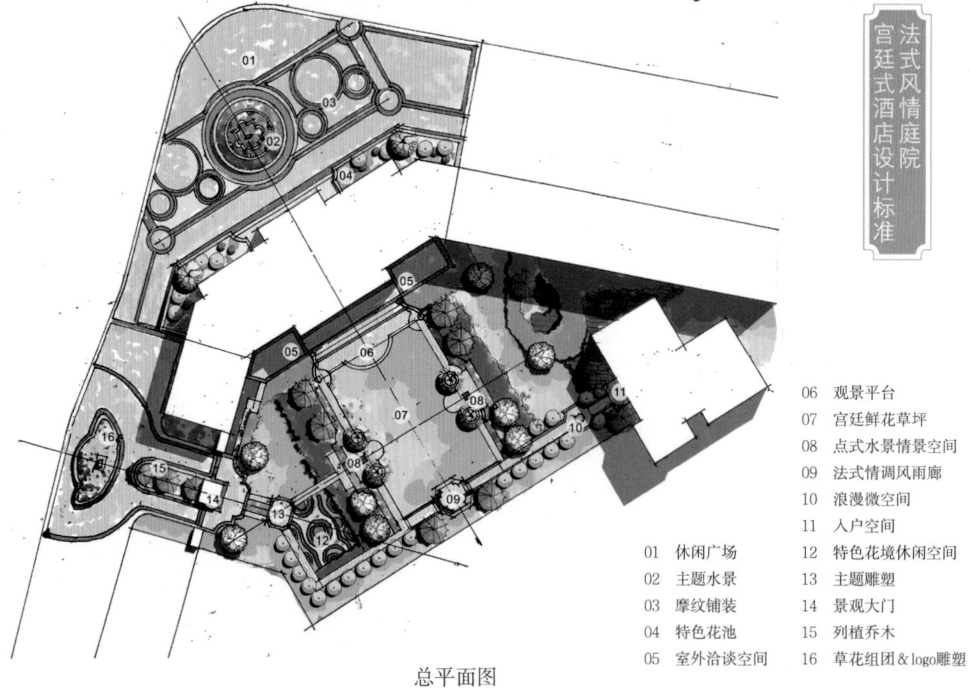
01 休闲广场
02 主题水景
03 摩纹铺装
04 特色花池
05 室外洽谈空间
06 观景平台
07 宫廷鲜花草坪
08 点式水景情景空间
09 法式情调风雨廊
10 浪漫微空间
11 入户空间
12 特色花境休闲空间
13 主题雕塑
14 景观大门
15 列植乔木
16 草花组团&logo雕塑

总平面图

图4-2

4.2 概念设计

概念设计提供的是创意，即从某种理念、思想出发，对设计项目在观念形态上进行的概括、探索和总结，为设计活动正确深入地开展指引前进的方向。

目前的概念设计在市场上的表现多为更具甲方的具体要求而设计，除了创意设计外，往往还加入了其他甲方要求的内容。

4.2.1 项目环境分析

通过前期对场地的踏勘，将得到许多影响设计的各种元素，如何放大对项目有利的元素，而弱化或摒弃对项目不利的因素，这将成为项目设计的基础（图4-3、图4-4）。

图4-3

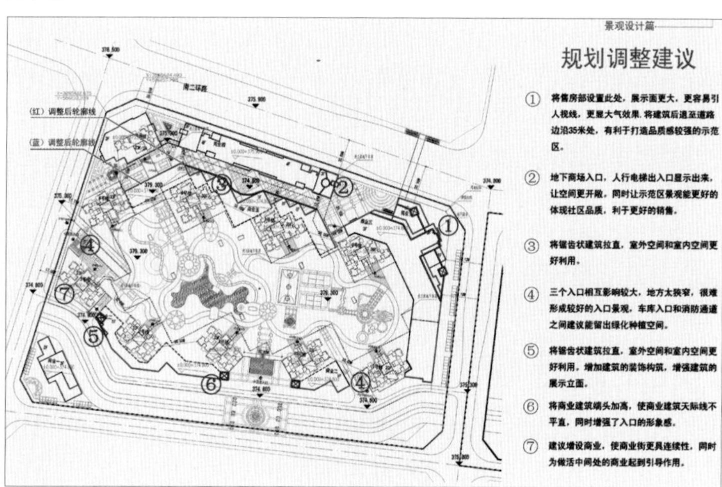

图4-4

4.2.2 设计元素提炼

设计元素相当于设计中的基础符号。景观设计中的元素较为宽泛，可从各个行业、各种生活细节提炼而出。针对具体的项目特质，提炼相关元素用于项目中，也是打造差异化景观的重要手段。设计元素是为设计手段准备的基本单位。

从广义上说，提取设计元素必须先对当地的历史文化有相当透彻的理解，才有可能对历史文脉进行归纳、提取，并将所提取的元素符号化，再把符号以合适的手法应用到景观设计当中。经历了一个从认识到应用的步骤之后，才能够很好地将历史文脉应用到景观设计当中。对于景观设计而言，历史文脉的了解应当主要渗透到本地的历史文化等诸多方面，发掘当地的风土人情、地貌特征、名人名胜、气候条件等主要特色，同时还要去了解其深厚的文化层面的一些东西，像风俗习惯、宗教信仰等，找出能够代表该地域特征的一些元素进而加以利用。与此同时，设计师还应当在研究本地文脉的同时，熟知外来的一些历史文化，做到知己知彼，正确地认识自己、研究自己、发展自己，博采众长，融会贯通。

在对历史文脉有了明晰的了解之后，接下来需要对掌握的资料进行更进一步的分析，要在立足于本地的历史文脉的基础上，进行历史文脉元素的提取。元素形态的提取主要从“形、质、色、人、韵”这几个设计的基本元素出发，对所搜寻到的历史元素分别从其特色的形态、质感、色彩、人物以及意韵进行提取并加以运用（图4-5）。

图4-5

将提取的历史文脉的元素结合实际的景观设计项目运用符号学原理将其符号化，这是相对来说最为重要的一个部分。通过对敌山湾定山湖湖区景观设计流程的分析发现，历史元素的视觉既要是统一的、立足于本土的，同时又是立足于现代化的。只有创造性地继承，传统才会有生命力，也只有这样，才能适应时代的不断发展。处理历史文脉在景观设计中的元素形态的符号化应用，需要很好地处理好历史文脉的继承与创新之间的关系问题，这也一直是景观设计关注的焦点。

景观设计需要在结合原有内容的基础上巧妙地运用新的形式，创造一种合适的设计符号：或者有意识地改变符号间的一些常规组合关系，从而创造出新颖动人的景观作品，这就是设计上的创新。

社会要发展，就要有新的设计产生。文脉可以让我们不时从传统化、地方化、民间化的内容和形式中找到自己文化的亮点。一个区域由于自然条件、经济技术、社会文化习俗的不同，环境中总会有一些特有的排列方式。从传统中提取满足现代生活的空间结构，从中提炼一种形意，应用新的手段来表现中国传统的韵律，使历史文脉元素避开了从形式、空间层面上的具象承传，而从更深层的文化美学上去寻找交融点，用技术与手法来表现文化的方式。

4.2.3 小区主题定位

目前，大多数商品住宅小区为了投资的准确性，在设计以前进行整体定位，即通过对小区所处城市、区域的文化背景、地理环境、周边地带的人口结构、消费水平、价值趋向、气候特点等情况的了解分析，确定未来小区主要居住人口的基本特征、户型结构、小区的个性特征、欲要表现的环境氛围等，通过对小区的整体定位，明确小区的主体规划设计思想，同时明确景观环境设计思想。

以下楼盘由于项目选址于滨江路上，并有一条天然的溪流贯穿整个项目，“水”便成了本项目绕不开的话题，甲方也有意对“水”进行重点利用。在此基础上，设计师通过阅读前期策划报告和对当地消费者及地块进行反复研究，对“水”进行二次包装，提炼出以活水文化作为社区主题（图4-6）。

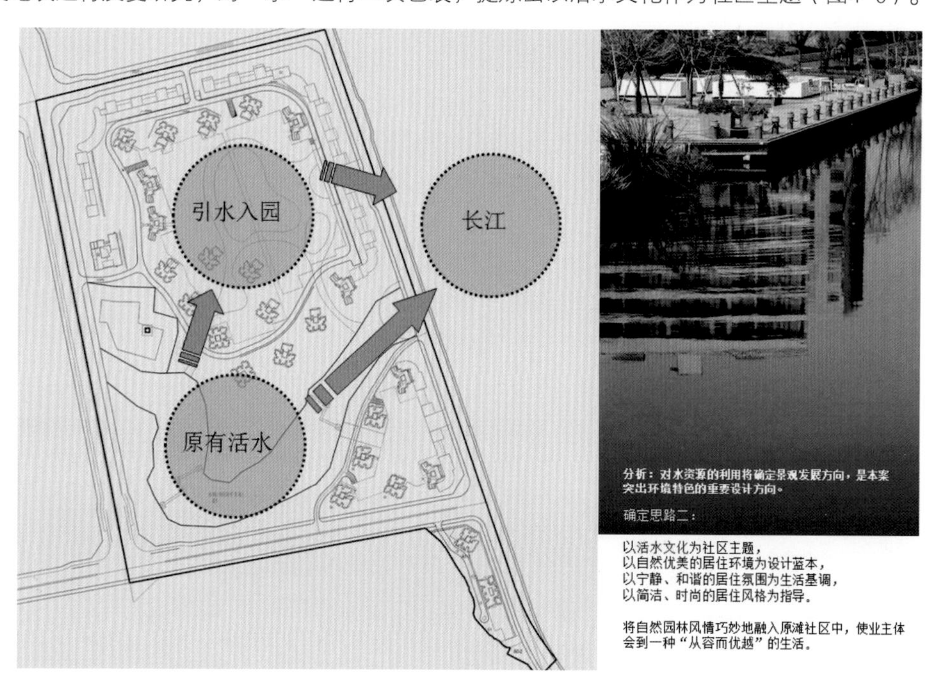

图4-6

4.2.4 景观风格解析

地产景观是对地产建筑的环境共同，因此地产景观设计是隶属于地产项目的建筑设计风格的，景观风格不能独立于建筑风格之外，这样会使建筑与景观互相隔离，不能自然地融合在一起。

既然景观风格必须跟着建筑风格走，那么对于景观设计师来说，所接手项目的建筑风格就决定了这个项目的景观设计风格，要把景观设计做好，就要与建筑很好地匹配协调，景观设计师对于项目建筑设计风格的解读和把握就成为关键。就现阶段市场上风行的建筑风格来分析，景观设计的风格也基本可以总结出来，以大类来分，可以分为传统欧陆风格、现代欧陆风格（也称简欧风格）、传统东南亚风格、现代东南亚风格、传统中式风格、现代中式风格及纯现代风格七种。

（1）传统欧陆风格

图4-7

传统欧陆风格是针对欧洲列国的分歧风格的一种总称，主要有英伦风格、地中海风格、法国风格、西班牙风格等，有时候也把美式风格包含进去。传统欧陆风格是基本传承传统欧陆建筑中的皇家贵族气派，以厚重、圆润、贵气为主要特点，从十年前开始风行，到今天大部分的高端楼盘里依然被采用得最多的一种风格。因为其必须传承传统元素，基本都是在原有的框框里打转，鲜有立异的作品，所以这也是一种最保守的风格（图4-7）。

（2）现代欧陆风格

这是一种既要追求欧陆风格中的贵族气质，又要享受现代化风格的两面派风格，在面临高收入中青年人群的房地产楼盘中利用最多。其特点是继续保留传统欧陆风格中那种厚重、贵气的特点，同时又把那些繁复的线条适当简化，融入一些现代简约美的气息，基本去掉那些最能浮现皇家气派的传统人物雕塑，代替它们的是一些线条精练、造型唯美的现代雕塑，出格厚重的花瓶栏杆也会换上铁艺栏杆或者图案更简单的木栏杆，这样的设计其实是一种变化型的设计，其设计特点是保留为主、立异为辅，目的是为了使更多的年青人群欣赏。由于现代审美的变化给景观设计师供给了必然的立异空间，因此这是现阶段正在成长的一种设计风格（图4-8）。

图4-8

（3）传统东南亚风格

传统东南亚风格就是沿用东南亚风格中的基本景观元素，而这些景观元素也很受当地的建筑风格影响，因此传统东南亚风格的景观设计是与建筑紧密联系的一种设计。园林建筑就是缩小版的主体建筑，因此建筑与景观园林基本融为一体，热带风情味浓厚。

东南亚风格其实并非一种独立成长而来的风格，在它的文化底蕴里，你可以发现中国的建筑元素，也能找到欧洲大陆的一些符号。因为东南亚一直受中国古代文化的影响，所以中国的建筑元素难免深入此中，而近代东南亚国家又广泛遭到欧洲国家的侵略，成为其殖民地，因此在长久的殖民地历史中，殖民国家的文化符号也渐渐进入这些国家的文化里面，成为了其中的一部分。逐渐发展到今天，东南亚风格就以其东西方文化兼容形成了本身的特色，成为一个独立风格（图4-9）。

图4-9

（4）现代东南亚风格

与现代欧陆风格一样，在一种传统味道很浓的风格前面增加“现代”两个字，都是为摆脱传统风格中过分古典、不符合现代人审美情趣的元素，增加一些能体现现代风格的元素。只是因为其怪异的亚热带风情味浓，而且采用这种风格的楼盘还为了突出这种风情味，所以无论怎么“现代化”，那些最能体现风情味的元素是无论如何都不能改的，改了就不是东南亚风格了。好比水中树池、雕塑喷泉、园林式游泳池、镂空景墙、陶罐等，少了这些工具，就很难体现东南亚风格的韵味，很容易给人感受空有一个框架而已，只有骨头没有肉的工具是很难使人引起审美的共识的。所以，无论设计师如何在传统风格的基础上去立异，如何把握立异的度也是很有挑战的，这方面中国的设计师还处在一个不断进步的阶段，远未到成熟的境界。

（5）传统中式风格

这是一个国人最喜爱，且最容易产生感情的风格。作为中国人，谁不想把老祖宗的精髓发扬光大？中国的姑苏园林、北京皇家园林和广东的岭南园林还是名扬天下的，今天的良多景观设计作品，或多或少都受到中国古典园林的理念和手法的影响，只是因为风格上的改头换面而一时看不出来而已（图4-10）。

图4-10

但老祖宗的工具，终究适应的还是那个年月的思想文化环境，建筑的外形及内部空间更是与现代人们的要求相差千里之遥，照搬传统中式的风格，常常给人一种老古玩的感受，而且因为现代人的急功近利和急躁的心态，已经很难像我们的祖先那样，对一草一木、一山一石都精心设计、用心摆弄，所以做出来的作品容易发生只有形象没有意境的功效，被人诟病是难免的了。目前，传统中式的应用还是比较少的，中式风格的建筑还没有成为市场的主流，这也是一个主要的原因。

（6）现代中式风格

图4-11

现代中式风格作为今朝越来越被注意和摸索的景观设计风格，已经有了一些作品出来，最经典的摸索是建筑巨匠贝聿铭设计的姑苏博物馆，这个项目建筑风格在传承与立异上把握得非常好，而景观部分则更多的是传承，只是在空间上为了适应博物馆的公建性质，打破了传统姑苏园林的小巧精美，进行了更多大气的精练构图（图4-11）。

现代中式风格的楼盘不多，而且市场公认成熟的更少，其中有名的万科第五园被认为是摸索性产物。

因此现代中式风格实在是让人又爱又恨的一种设计考试，但这种考试是必不可少的，因为这是我们中国的设计师无法回避、也必需承担起来的历史任务。而且相信随着市场的成长，对于现代中式风格的作品需求也会越来越多，此刻对这方面做更多的探讨工作还是相当有必要的。

（7）纯现代风格

纯现代风格的“纯”字是为了和其他变化型的现代风格作区别，是“纯挚”的意思。既然是纯挚，也就是不受任何传统风格的约束和影响，甚至为了突出这种“纯挚”而往往采纳特立独行、天马行空的手法，所以纯现代风格是最能阐扬设计师创意的一种风格，这种风格尤其受海归派欢迎，因为那里是现代文化的发源地，纯现代风格的景观作品良多，可以参考借鉴的成熟作品也不少，抱着一种晋升民族设计程度往国际化挨近的目的，他们对中国景观设计思想的现代化、国际化确实起到了不可忽视的桥梁作用（图4-12）。

图4-12

无论是哪一种风格，我们都应该用一种当真的立场去做，社会是成长的，文化也是向前成长的，我们既要把老祖宗的精髓发扬光大，更要在先人的基础上摸索求新，这是文化的属性，也是历史的必然。历史把美化人居环境的这份重担放在我们这些景观设计师的肩上，我们就要竭尽全力，对每一个项目都要精耕细作，这样才能不负历史使命，也才能真正阐扬设计师的人生价值。

4.2.5 小区景观设计的目的

小区景观设计的最终目的是让都市中忙碌的人们在有限的时间和空间内更多地接触自然。亲近自然是生活在都市中的人们一直渴望的，渴望能与自然界中的水与绿色来个亲密拥抱。但设计一味讲求自然而没有文化内涵的园林也最终会流于粗糙肤浅。要在小区景观设计中赋予文化与色彩景观的融合，小区景观才会有品位，才会真正鲜活起来。

我们在做小区景观设计时，要从全方位着眼考虑设计空间与自然空间的融合，不仅仅要关注平面的构图及功能分区，还要注重小区实地的全方位立体层次分布，以及绿色植被的搭配和地铺的运用等手段进行高差的创造和空间转换。平面构成线条流畅，从容大度，空间分布错落有致，变化丰富，再加上满园的植物随季节变换造成的景观变迁，使整个小区景观设计真正成为一个四维空间作品，无论春夏秋冬、无论平视鸟瞰，都能令人获得愉悦的立体视觉效果。

4.3 方案设计

4.3.1 概念回顾

在概念设计与方案设计之间往往会存在一个周期，这个周期的时间长短根据具体项目的情况与甲方要求各不相同。所以当我们进入方案设计阶段的时候，就意味着概念设计已经与甲方达成共识，设计师需要将概念设计所提出的各种元素和概念转化为可以操作实施的图纸。

在方案设计之前，对概念设计阶段提出的元素、符号、理念等进行优化，并结合现场地形地貌、报规指标、甲方开发计划作出补充与完善。

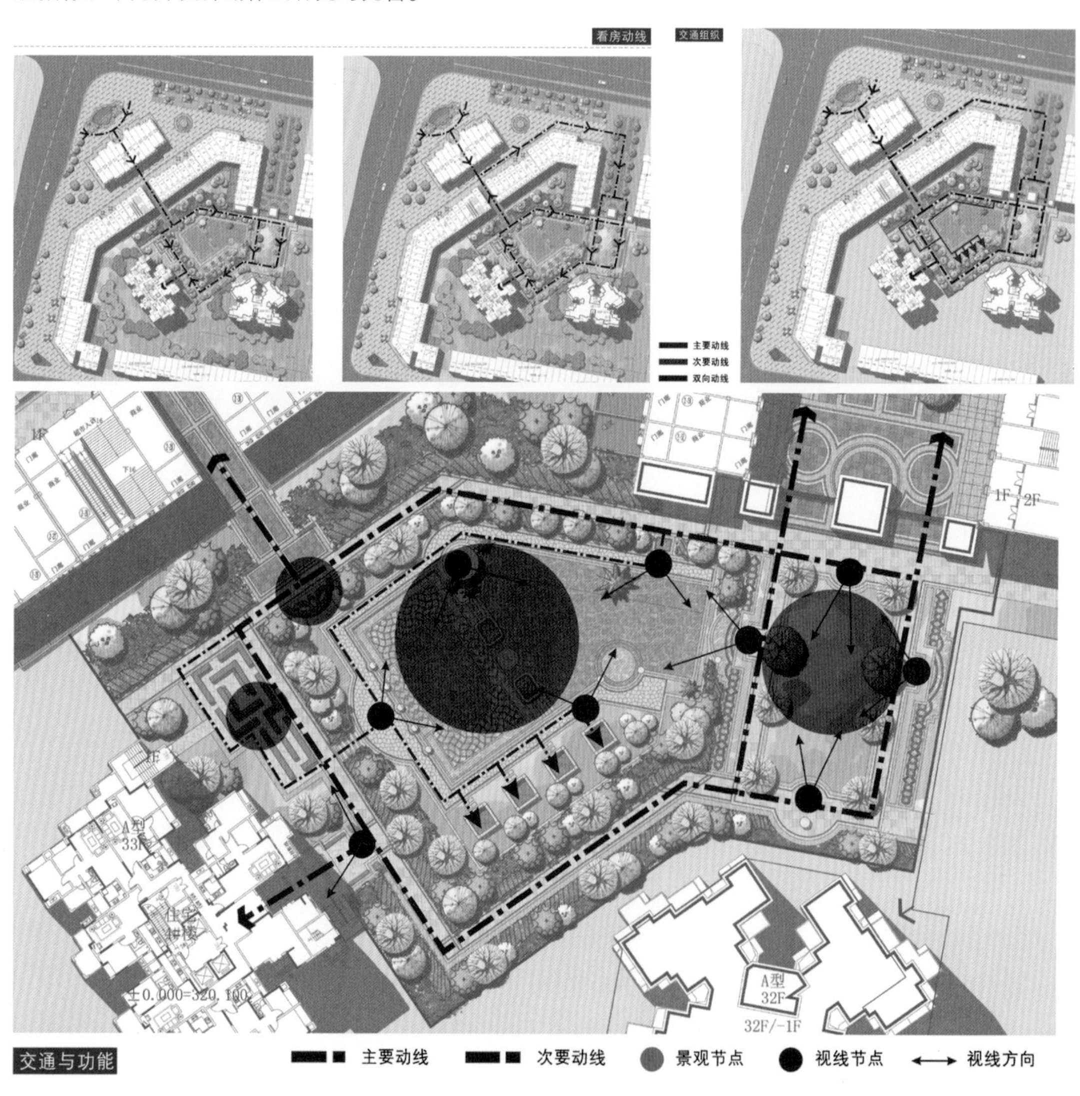

图4-13

4.3.2 技术分析

正式进入方案设计阶段，首先要做的就是将项目的所有相关景观设计的经济技术指标熟悉并掌握，一般来说，最重要的技术指标有消防、绿地率、标高、建设用地红线、地面停车位、运动场地、活动场地、车库范围线等。如何把报规用的指标合理地布置到我们的方案设计中，这是在技术层面最重要的设计内容。

通过大量的分析工作，找到最合理的方案，是这个阶段的目的。比如通过原始地形标高的分析，再结合建筑的正负零标高，那么我们可以决定是否有台阶、斜坡、挡墙等，然后在下个阶段可以详细设计台阶、斜坡、挡墙的样式，而不同的处理方式除了景观效果大不一样外，对整个项目的造价也有非常大的影响，而这也是甲方关注的重点之一。

图4-13是一个示范区景观设计的流线分析，设计师通过与甲方销售部门沟通，并结合甲方的建筑开放顺序，分析出消费者的最佳看房动线。在动线的基础上再详细设计出主次之分，最后在看房动线上设计交通流线、景观节点、人行视线等。

4.3.3 中期设计

中期设计需要完成大部分设计工作，主要包含总图规划设计和各区域详细设计（图4-14）。

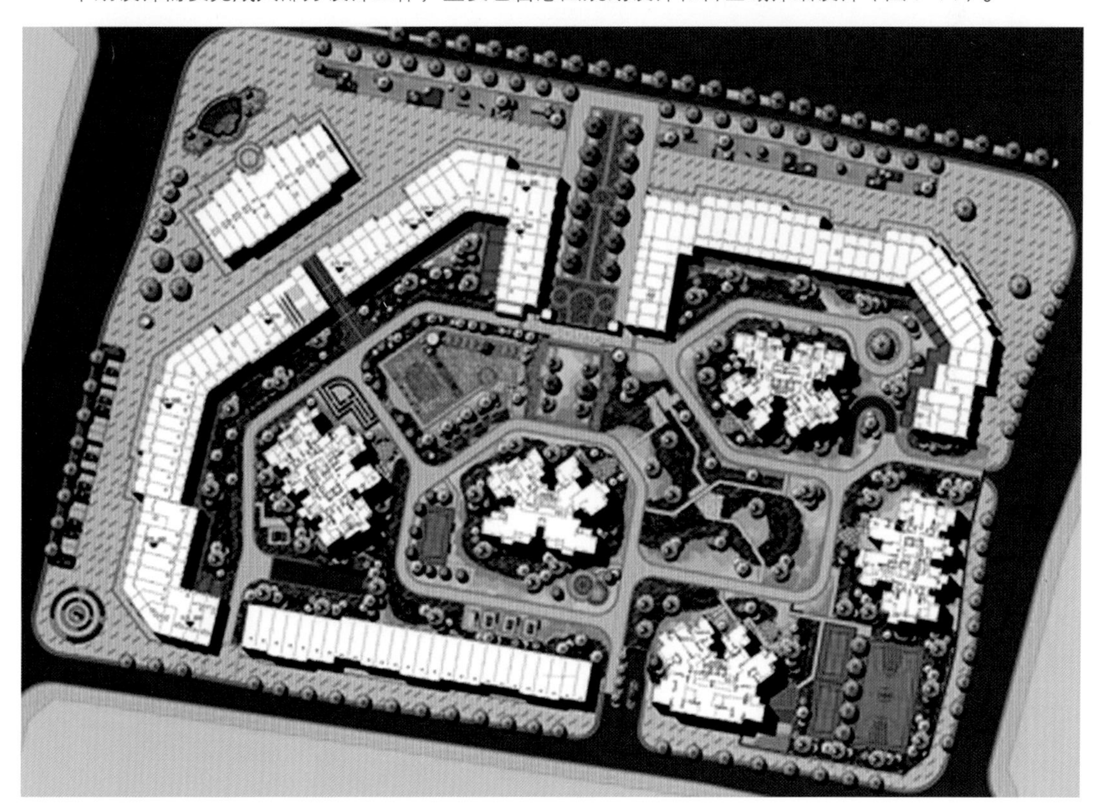

图4-14

总图规划设计将整个地块上要做的内容都包含完整（图4-14），其中包括商业街、内庭、泳池、中庭、宅间、运动区域、儿童区域、出入口等。而受总图平面表现方式所局限，无法表达清楚的设计内容可通过透视图来表示。

设计师通过透视图（图4-15）来表达商业外街建筑、铺装、植物的样式及它们之间的关系，从而烘托出整个商业街的空间氛围（图4-16、图4-17）。

图4-15

图4-16　泳池的功能关系及空间关系

图4-17　主要入口情景空间表达

4.3.4 投资估算

景观设计工作是一门综合性工作，在整个设计过程中将要涉及很多专业的知识，而其中的工程造价是决定整个项目设计定位的重要因素之一。

在设计阶段所设计的工程造价通常只能叫项目的景观投资估算，在设计任务书阶段一般甲方会给出一个目标控制成本，这将是指导设计的一个执行价格，设计师需把整个项目的价格控制在这个指导价格的范围内，这需要设计师了解材料、人工、运输、设备、植物等各方面的市场通行价格。

在设计完成后，再把项目分为硬景、软景、水景、构筑物、小品、灯具、水电等分项进行估价，并得出整个项目的总造价与单方造价。注意，次造价应尽量贴近当地的市场执行价格，以便作为甲方成本控制的重要参考（表4-1）。

表4-1

总面积：24 216平方米

建筑占地面积：7 777平方米

景观面积：16 439平方米

景观总造价：6 011 532元

景观单价：365.68元/平方米

序 号	项目名称	工程量	综合单元	合 价	备 注
（一）土建部分	景观铺装	15 358平方米	250元/平方米	3 839 500元	石材厚度为3厘米
	景观梯步	205平方米	750元/平方米	153 750元	
	景观花台	585米	840元/平方米	491 400元	
	1.2m宽树池	41个	1 200元/个	49 200元	
	3m宽树池	4个	4 400元/个	17 600元	
	景观水体	53平方米	1 400元/平方米	74 200元	
	通风采光井外装	7个	2 000元/个	14 000元	贴面
	R3000圆形树池	10个	5 200元/个	52 000元	
	R180圆形树池	5个	3 200元/个	16 000元	
	景观小品及配饰	1项	90 000	350 000元	含垃圾桶、太阳伞、成品花钵等
（二）绿化部分	种植土回填	658立方	50元/立方	32 920元	面积为823平方米，厚度为0.8米
	灌木及地被	823平方米	100元/平方米	82 300元	
	乔木	823平方米	260元/平方米	213 980元	
（三）水电部分	给排水工程	16 439平方米	14元/平方米	230 146元	
	电气工程	16 439平方米	24元/平方米	394 536元	
合 计				6 011 532元	

4.3.5 文本制作

当方案设计完成后，甲方需要存档，报园林局审批和各相关部门参阅。为此，设计师需要把设计成果制作成一本精美的文本。文本将分为电子档PPT和纸质硬精装两种形式，以方便甲方在各种场合使用和设计师向甲方汇报工作。

文本内容需齐全，涵盖所有设计内容，结构清晰，从前期地块分析、场地勘探，到总图设计分析、后期各分区表现，由粗到细、由整体到局部，把每一个设计意图传达清楚。

4.4 扩初设计

当方案设计完成后，将进入扩初阶段。扩初设计的概念来源于建筑设计，是在方案设计的基础上深化各结构与细节，而景观设计的扩初设计阶段主要工作是对整个项目的重点、难点、节点进行深入设计。

4.4.1 分区节点

在这个阶段，设计师需要将每一个节点提炼出来进行详细表达。以一个普通商住项目为例，根据功能可提炼的节点有商业街转角、主题广场、商业内街、商业外街、人行主次入口、车行主次入口、游泳池、入户区域、儿童娱乐区域、体育健身区域、休闲广场、宅间绿化、小型集散地、幼儿园等（图4-18）。

细节决定成败，所以设计师还需把整个项目的细部进行分项，并详细设计。根据项目的性质、地块风貌等，细部各有不同，一般情况下可分为通用铺装、特色铺装、踏步、栏杆、围墙、花台、挡墙、景墙、景石、水景、主题小品、各类步道、设施、导视、井盖、水箅子、路沿、无障碍通道、骨架树种、草坪与微地形、植物组团等（图4-19）。

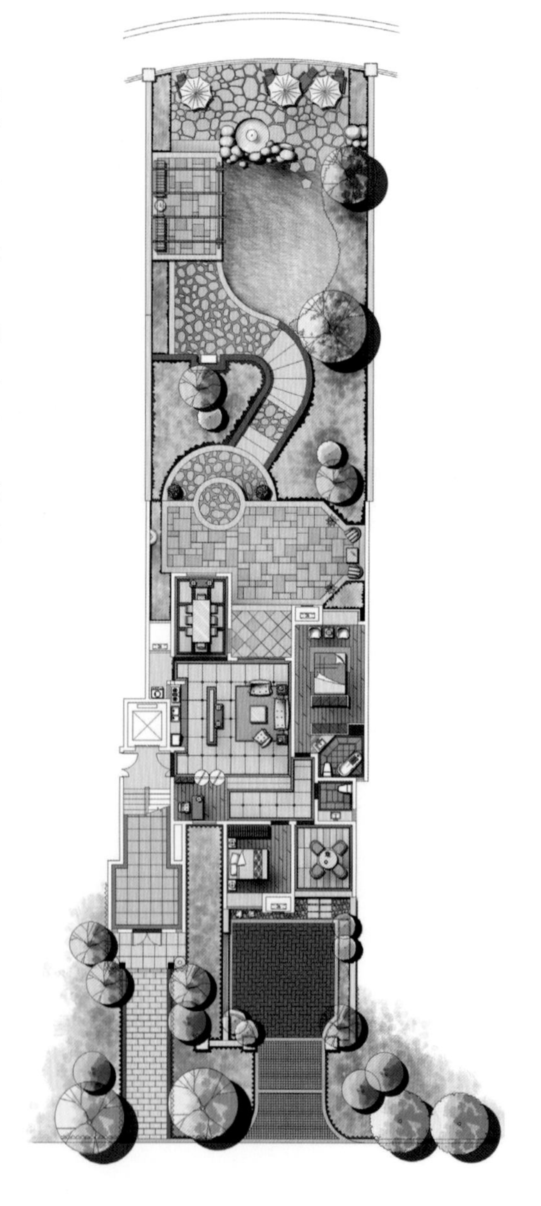

图4-18　私家庭院

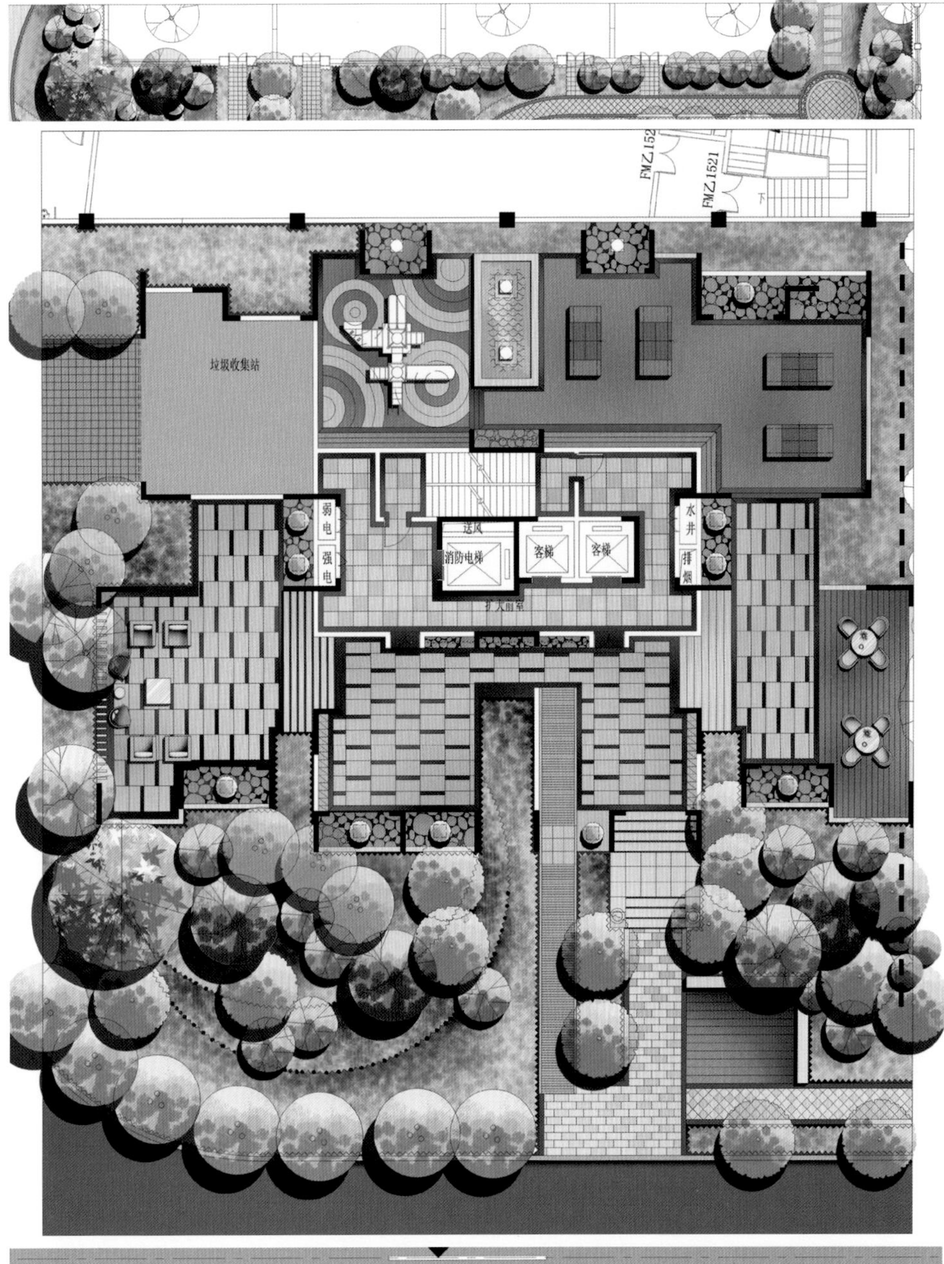

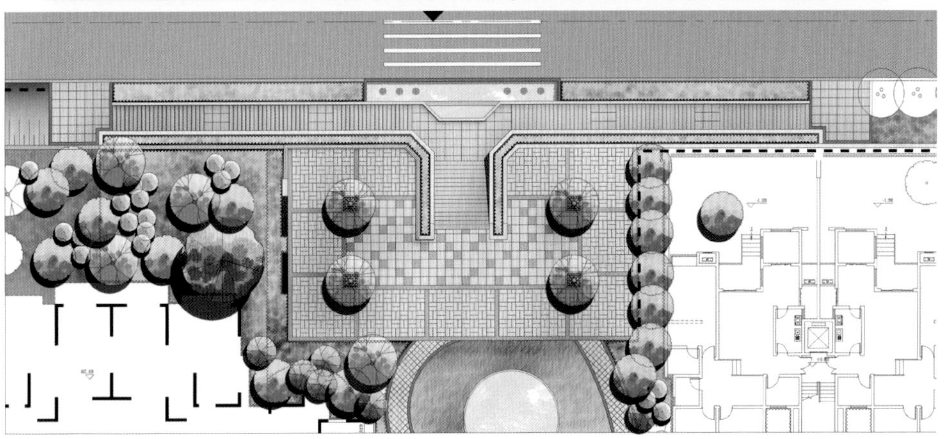

图4-19

4.4.2 设计深度

扩充设计方案阶段更加的深入，有一个大原则是：凡视线所及之处都要表达准确和完整（图4-20至图4-22）。

为了将设计内容表达清楚，可采用平面图、立面图、剖面图相结合的形式。

图4-20 商业儿童活动空间

图4-21 商业外街休闲小空间

图4-22 转角绿化

4.5 施工图设计

4.5.1 制图规范

景观施工图制图规范沿用的建筑制图规范（图4-23、图4-24）。

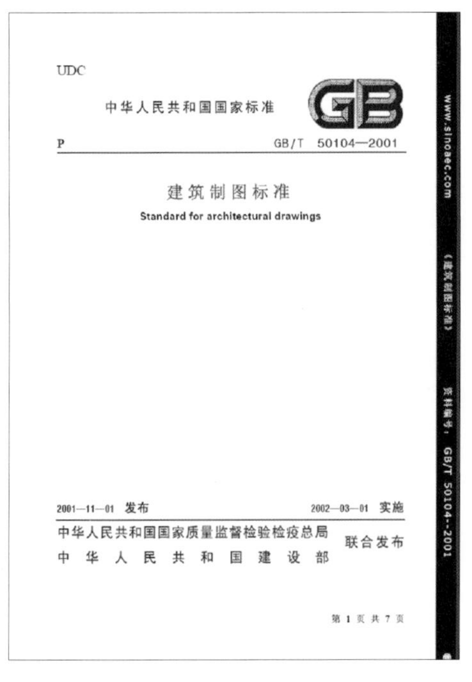

UDC

中华人民共和国国家标准 GB

P GB/T 50104—2001

建筑制图标准

Standard for architectural drawings

2001—11—01 发布 2002—03—01 实施

中华人民共和国国家质量监督检验检疫总局
中华人民共和国建设部
联合发布

第1页 共7页

www.sinoaec.com 《建筑制图标准》 资料编号：GB/T 50104--2001

图4-23

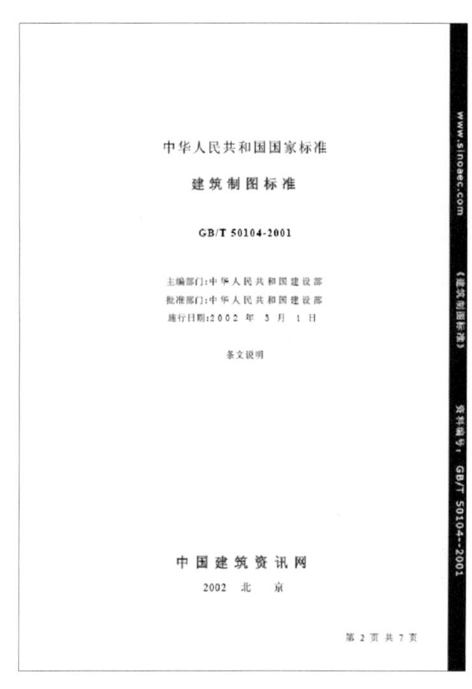

中华人民共和国国家标准

建筑制图标准

GB/T 50104-2001

主编部门：中华人民共和国建设部
批准部门：中华人民共和国建设部
施行日期：2002年3月1日

条文说明

中国建筑资讯网

2002 北京

第2页 共7页

www.sinoaec.com 《建筑制图标准》 资料编号：GB/T 50104--2001

图4-24

4.5.2 设计内容

景观施工图设计内容基本有：

①环境景观平面布置图；

②环境景观竖向标高图；

③环境景观各区域索引平面图；

④环境景观乔木布置及定位图；

⑤环境景观灌木及地被植物布置图；

⑥环境景观给排水及灌溉图；

⑦环境景观强弱电系统图；

⑧环境景观照明及背景音乐布置图；

⑨导视系统图；

⑩环境景观土壤造型图；

⑪环境景观平面定位放线图；

⑫各区域铺装大样图；

⑬道路施工图；

⑭各施工细部结点大样图；

⑮植物汇总表；

⑯施工图设计总说明。

4.5.3　预算与清单

（1）估算方案

根据方案图、施工图及现场情况，并结合重庆市相关定额及现行园林景观市场同类建筑的各种经济指标，确定园林景观造价，得出估算造价。

（2）估算结论

方案建设投资人民币为________万元（大写：____________________）

说明:该园林景观详细预算需专业预算员根据现场实际情况做详细预算，以确定工程最终造价。

（3）总投资估算表

景观工程设计方案造价估算书

序　号	类　别	项目名称	单　位	工程量	综合单价（元）	总　计（元）	面　积（m^2）	单方造价（元/m^2）	备　注
1	软景	乔木	m^2						
		灌木	m^2						
		地被、草坪	m^2						
		种植土	m^3						
2	硬景	硬质铺装	m^2						
		花池矮墙	m						
		景观构造物	m^2						
		中庭拱门	m						
		木制作	m^2						
		停车场	m^2						估算面积
		游泳池	m^2						
		水景工程	m^2						
3	水电	水电工程	m^2						
4	设施	标识牌、垃圾桶、成品座椅	项						
5	外设	亲子乐园设施	项						
6	球场	运动区	m^2						
7	土方	土石方工程	项						
8	其他	小品雕塑工程	项						
9	小计（1+2+3+4+5+6+7+8）								
10	不可预见费【（9）*5%】								
估算合计=（10+9）									

×××有限责任公司

2013年4月7日

4.6　后期服务与设计

4.6.1　报规与备案

当方案设计完成后需要配合甲方，把设计好的方案报相关单位进行审查。特别要注意的是消防车道、消防回车场、消防扑救面、架空绿化、实土绿化、屋顶绿化、覆土深度、绿地率等指标，要满足规范。

施工图设计完成后还需要向当地的园林局备案，要注意图纸的深度和施工的可行性，最终当工程完工后园林局将根据图纸进行验收。

4.6.2　技术交底

设计完成后，施工单位进场前，甲方会组织建设单位，设计单位进行三方交底，设计单位需要就施工单位对设计图纸提出的问题进行答疑，而在这个碰撞的过程中，还要对图纸进行优化，直到三方达成共识，才按合同出具蓝图。

4.6.3　现场技术指导

在施工过程中，为了保证最终成型的效果与设计保持一致，设计师需要定期到现场进行技术指导，特别是一些节点、难点施工的时候，甚至设计师要配合施工人员进行放线。而现场的情况往往比图纸更加复杂，当遇到问题的时候，设计师可通过设计变更来使其达到预期效果。特别是栽植植物，很多时候需要现场进行二次设计。

4.6.4　设计变更

设计变更是指设计单位依据建设单位要求调整，或对原设计内容进行修改、完善、优化。设计变更应以图纸或设计变更通知单的形式发出。一般情况下：

①修改工艺技术，包括设备的改变；

②增减工程内容；

③改变使用功能；

④设计错误、遗漏；

⑤提高合理化建议；

⑥施工中产生错误；

⑦使用的材料品种的改变；

⑧工程地质勘察资料不准确而引起的修改，如基础加深；

⑨因天气因素导致施工时间的变化。

由于以上原因提出变更的有可能是建设单位、设计单位、施工单位或监理单位中的任何一个单位，有些则是上述几个单位都会提出。

【专题训练】

居住区景观方案项目文本设计制作。

训练方式：

给以项目实际场地及场地现状，要求规划设计场地，并制作项目文本。

训练内容：

根据本章所学习的居住区景观方案文本内容要求，规划设计实际项目景观设计内容，设计要求，设计成果要求，深度要求，造价估算制作完整的方案文本。

训练目的：

通过对居住区景观方案文本的认识了解，更加深入地设计方案，全面分析项目前期概况，结合实际设计方案。

训练要求：

结合课堂理论知识的学习，在设计过程中进行深化理解居住区景观设计。

作业上交形式：

要求PPT形式，不少于20页。

5　设计方案赏析

本章的案例都是已经竣工的工程，内容包括设计图纸和最终设计效果以及设计流程，便于学生在了解书本内容的同时可以参观考察实地项目，以达到更好的学习效果。这些案例在规划设计上都体现了以下设计原则：

①文化性、个性、明确性与合理性的规划结构体系——设计综合考虑规划结构、景观结构、住区特色乃至建筑单体风格的独特性塑造，以提高整个居住区从空间到形态上的可识别性，规划结构上强调功能分区的明确性与合理性。

②层次性与均好性并重的环境概念——充分考虑人工与自然、地理性和额整体性的融合，将环境观念放在重要位置，并将环境的层次性加以明确，强调居住区环境的均好性，以求营造一个现代、人文、高尚、自然的花园居住空间。

③人车分流的交通体系——将汽车对人们悠闲的生活影响减少到最低限度，同时加以对整个社区的便捷程度的考虑来阻止人流和车流。

④现代科技与人文景观融合——以一种全新的景观语汇来体现现代科技为人们带来的便捷，同时又不失地域特色、文化特色，为业主带来良好的物质生活空间和精神家园。

本项目重庆市巴南区民主新村B5-1/40号地块和B4-1/60地块，建设用地面积83 094.00平方米，容积率分别为2.5和3.5，总计容建筑面积小于等于211 797.00万平方米（图5-1至图5-45）

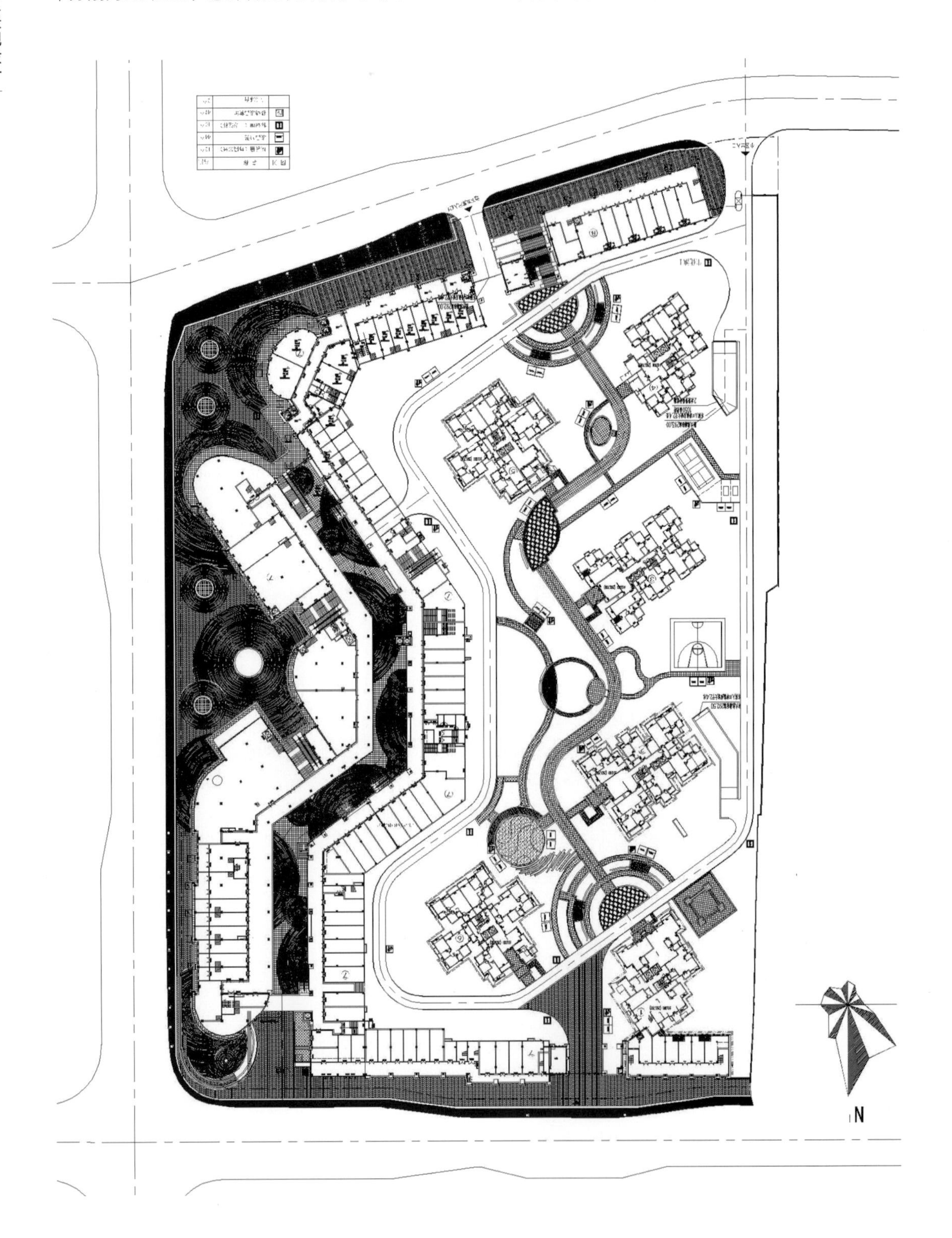

图5-1　总平面布置图

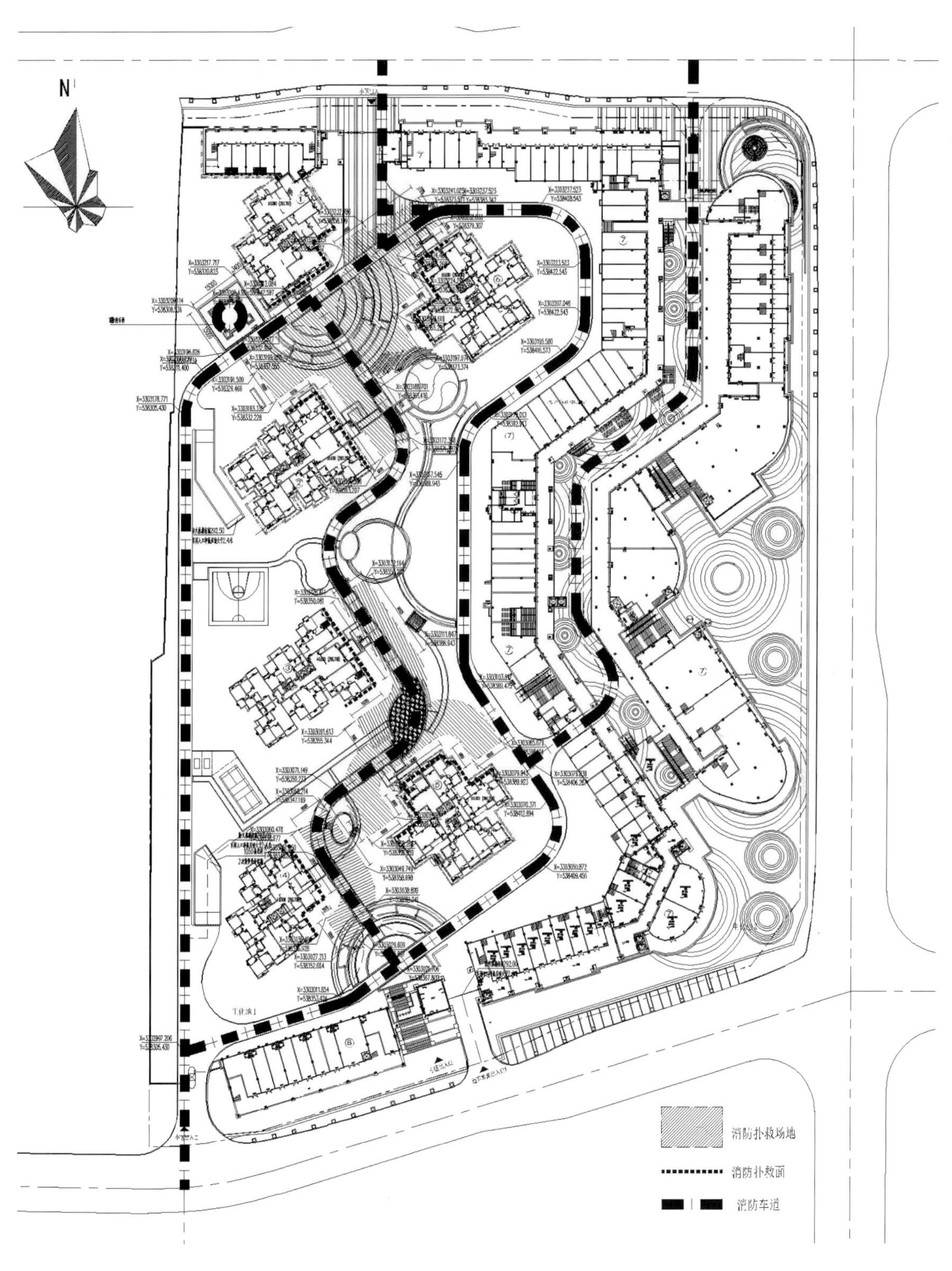

5-2　总平面消防图图

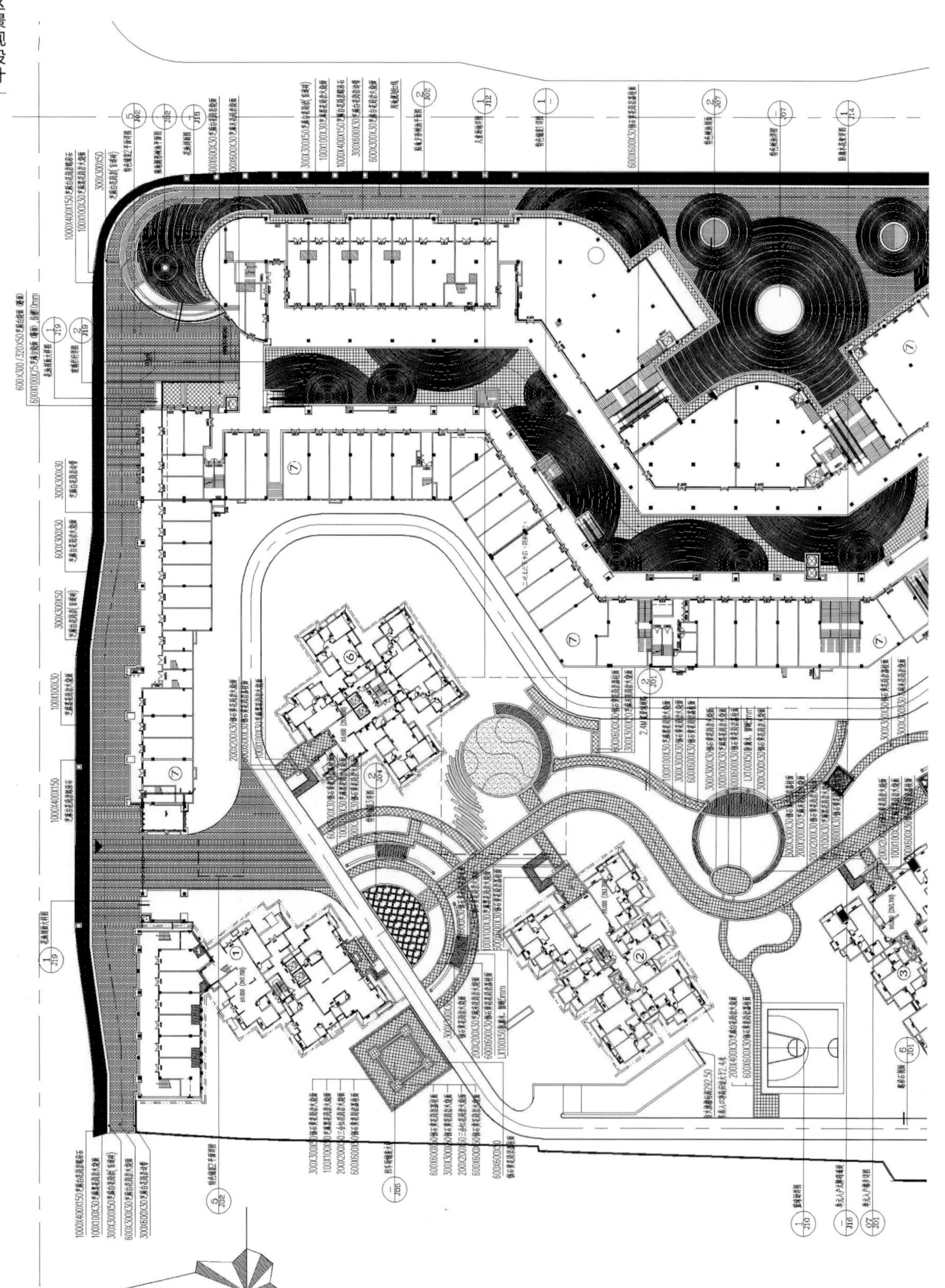

图5-3 分区平面图

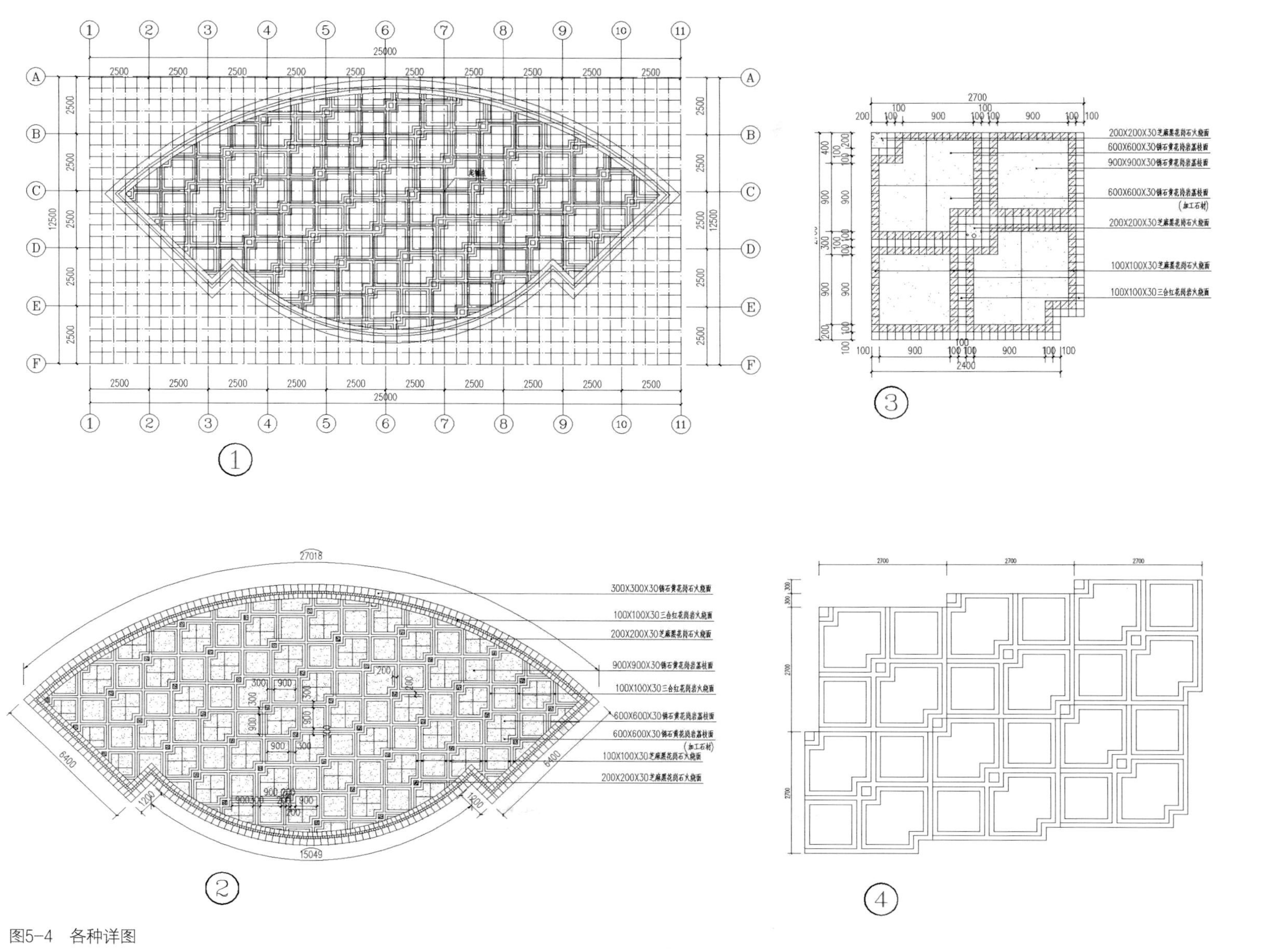
①
②
③
④
25000
12500
2500
2700
2400
27018
15049
6400
1200
200X200X30芝麻黑花岗石火烧面
600X600X30锈石黄花岗岩荔枝面
900X900X30锈石黄花岗岩荔枝面
600X600X30锈石黄花岗岩荔枝面
(加工石材)
100X100X30芝麻黑花岗石火烧面
100X100X30三合红花岗岩火烧面
300X300X30锈石黄花岗石火烧面

图5-4 各种详图

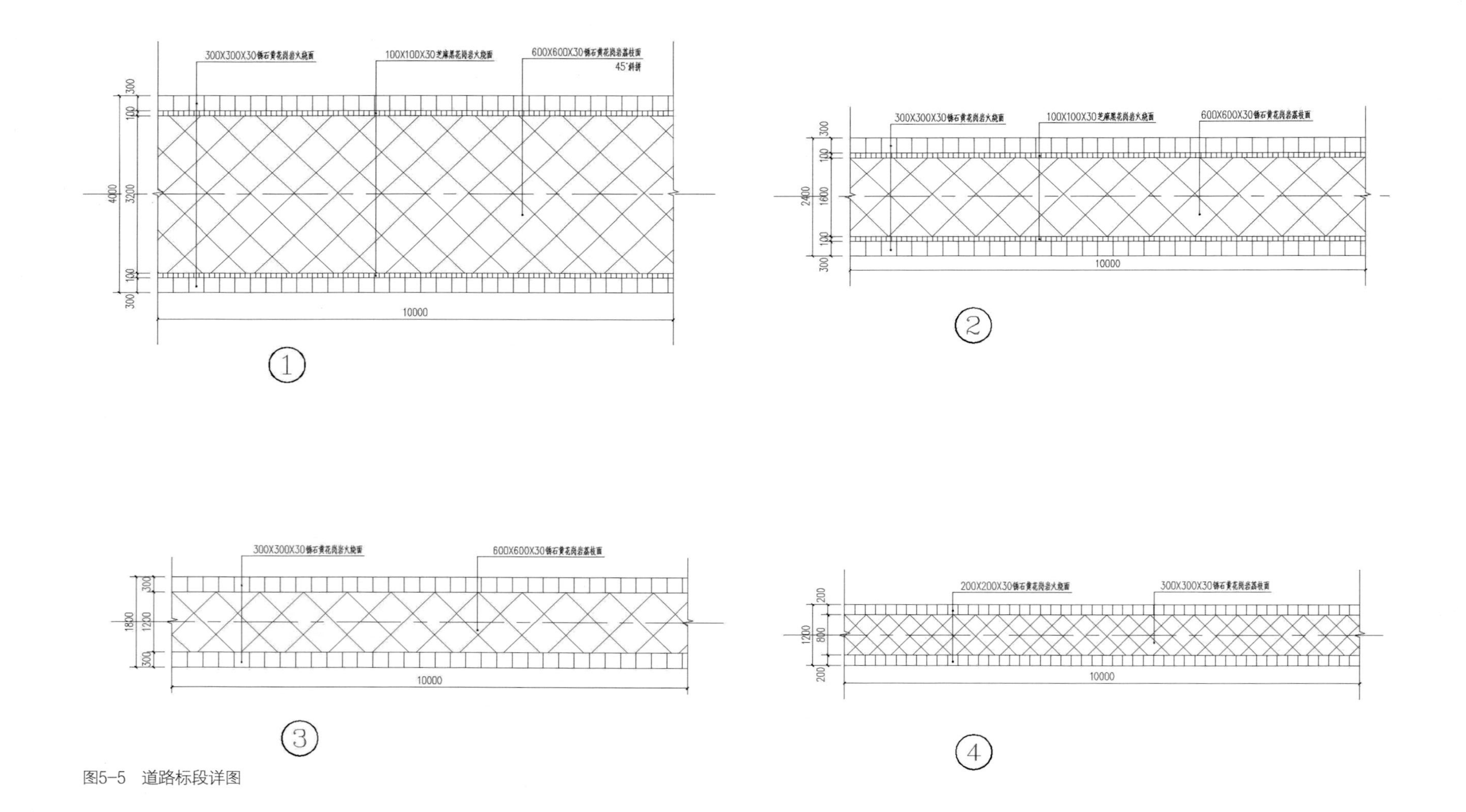
300X300X30锈石黄花岗岩火烧面
100X100X30芝麻黑花岗岩火烧面
600X600X30锈石黄花岗岩荔枝面
45°斜拼
300
100
3200
4000
10000
①
2400
1600
②
1800
1200
③
200X200X30锈石黄花岗岩火烧面
300X300X30锈石黄花岗岩荔枝面
200
800
1200
④

图5-5 道路标段详图

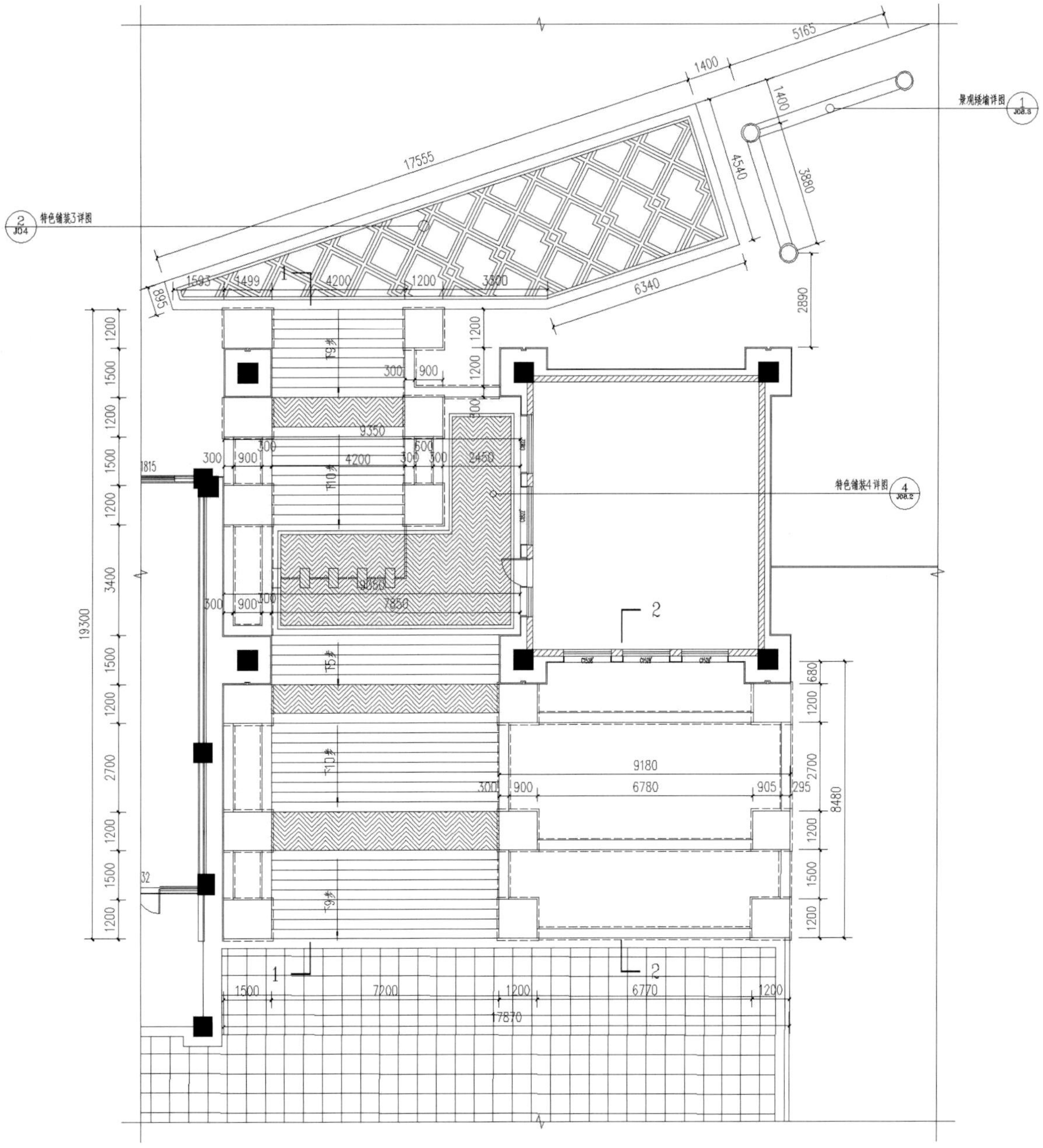

图5-6 入口详图

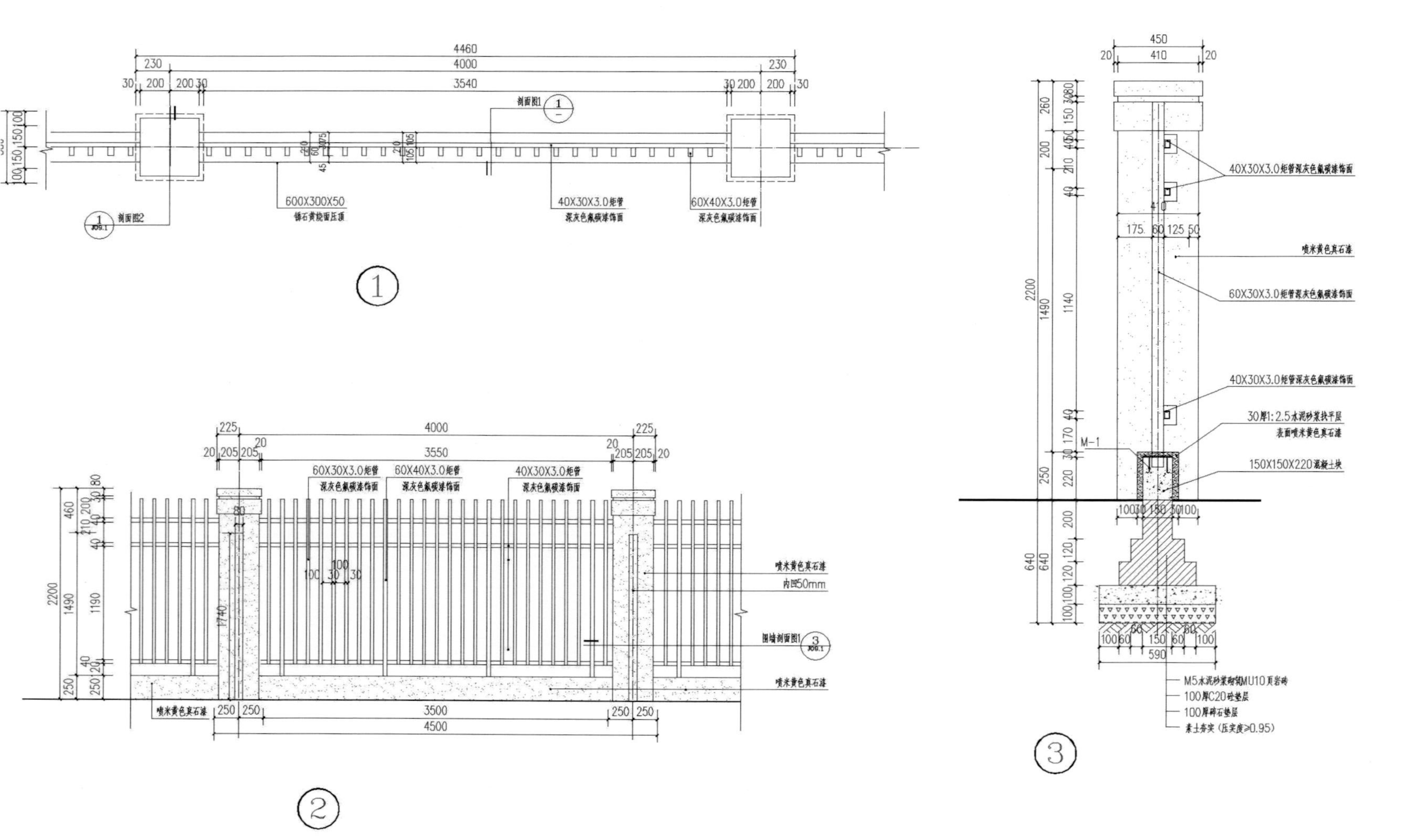
剖面图1
600X300X50
锈石黄烧面压顶
40X30X3.0矩管
深灰色氟碳漆饰面
60X40X3.0矩管
深灰色氟碳漆饰面
剖面图2
60X30X3.0矩管
深灰色氟碳漆饰面
喷米黄色真石漆
内凹50mm
围墙剖面图1
40X30X3.0矩管深灰色氟碳漆饰面
60X30X3.0矩管深灰色氟碳漆饰面
30厚1:2.5水泥砂浆找平层
表面喷米黄色真石漆
150X150X220混凝土块
M-1
M5水泥砂浆砌筑MU10页岩砖
100厚C20砼垫层
100厚碎石垫层
素土夯实（压实度≥0.95）

图5-7 围墙详图

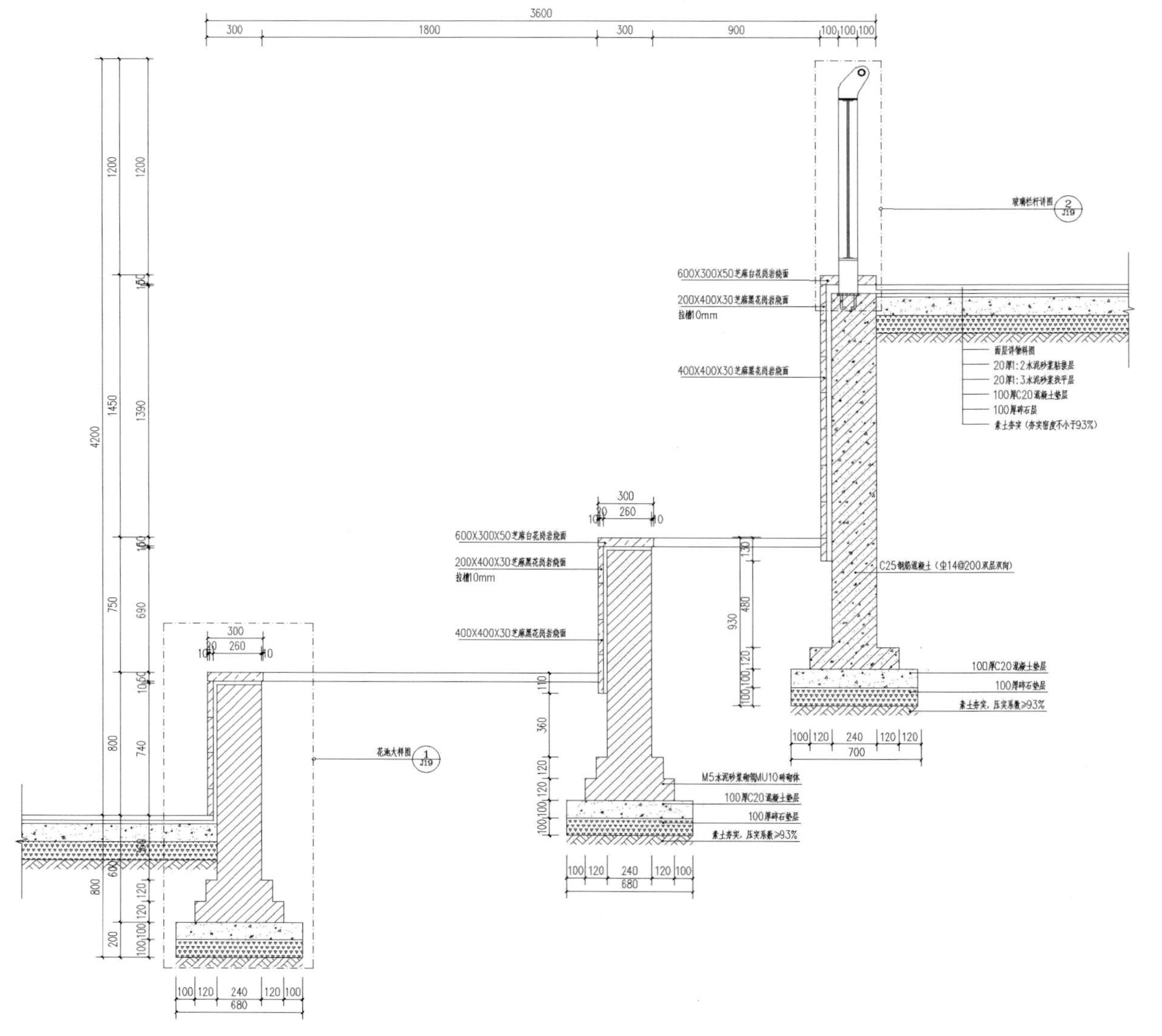

图5-8 花池剖面图，玻璃栏杆详图

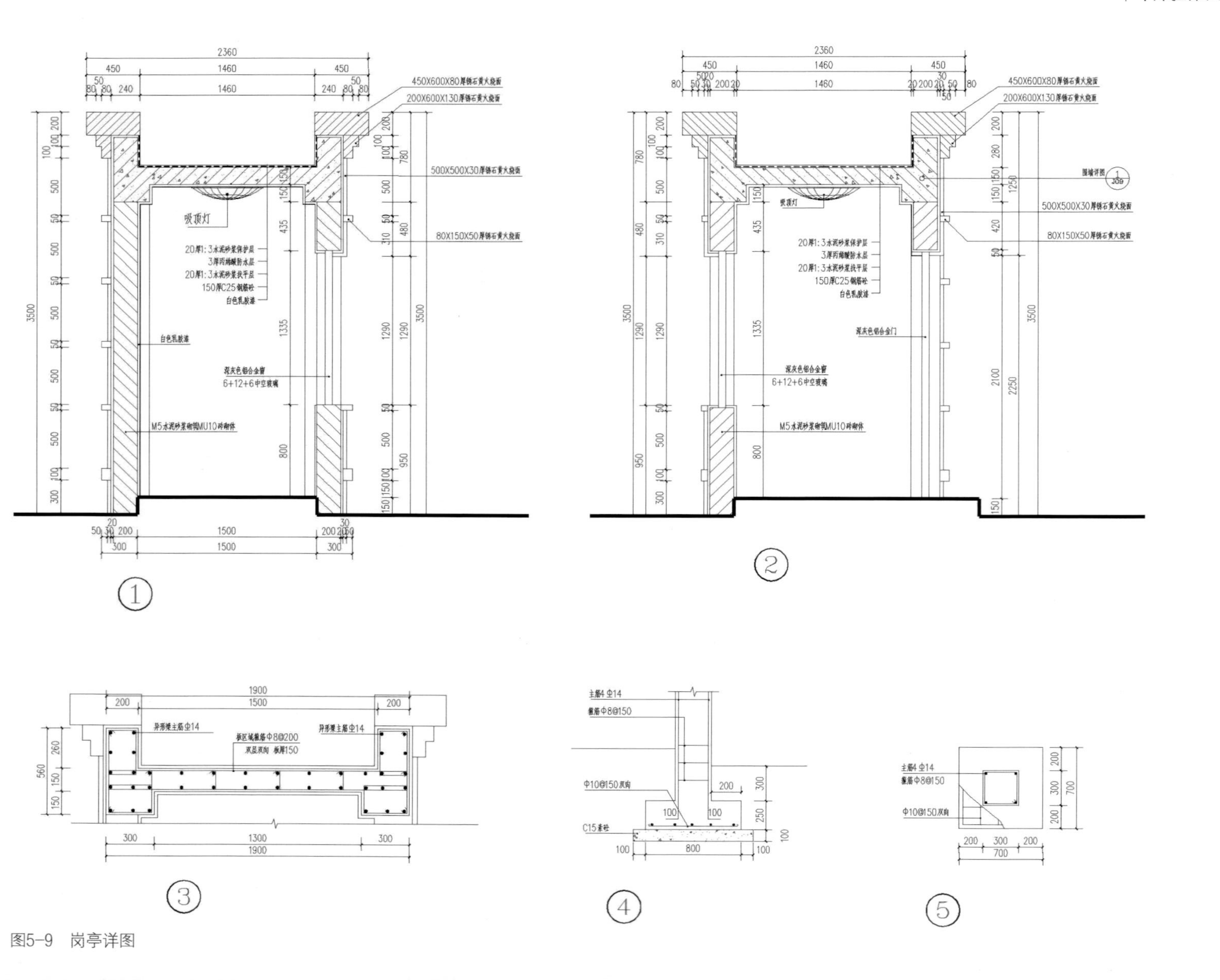

450X600X80厚锈石黄火烧面
200X600X130厚锈石黄火烧面
500X500X30厚锈石黄火烧面
80X150X50厚锈石黄火烧面
吸顶灯
20厚1:3水泥砂浆保护层
3厚丙烯酸防水层
20厚1:3水泥砂浆找平层
150厚C25钢筋砼
白色乳胶漆
深灰色铝合金窗
6+12+6中空玻璃
M5水泥砂浆砌MU10砖砌体
深灰色铝合金门
主筋4 Φ14
箍筋Φ8@150
Φ10@150双向
C15素砼

图5-9 岗亭详图

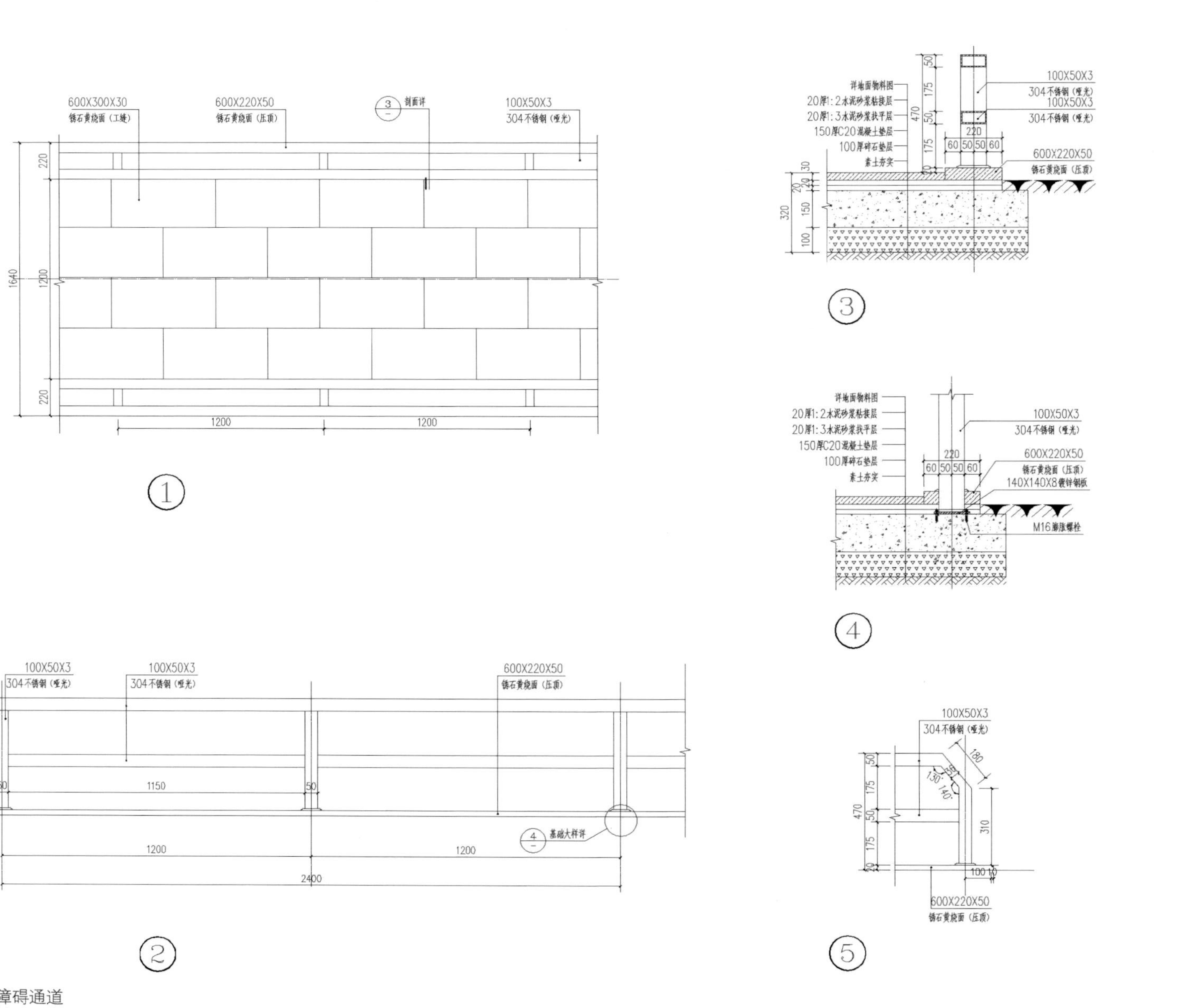
600X300X30
锈石黄烧面（工缝）
600X220X50
锈石黄烧面（压顶）
剖面详
100X50X3
304不锈钢（哑光）
1640
220
1200
1
100X50X3
304不锈钢（哑光）
100X50X3
304不锈钢（哑光）
600X220X50
锈石黄烧面（压顶）
470
1150
2400
基础大样详
2
详地面物料图
20厚1:2水泥砂浆粘接层
20厚1:3水泥砂浆找平层
150厚C20混凝土垫层
100厚碎石垫层
素土夯实
320
3
140X140X8镀锌钢板
M16膨胀螺栓
4
180
310
5

图5-10 无障碍通道

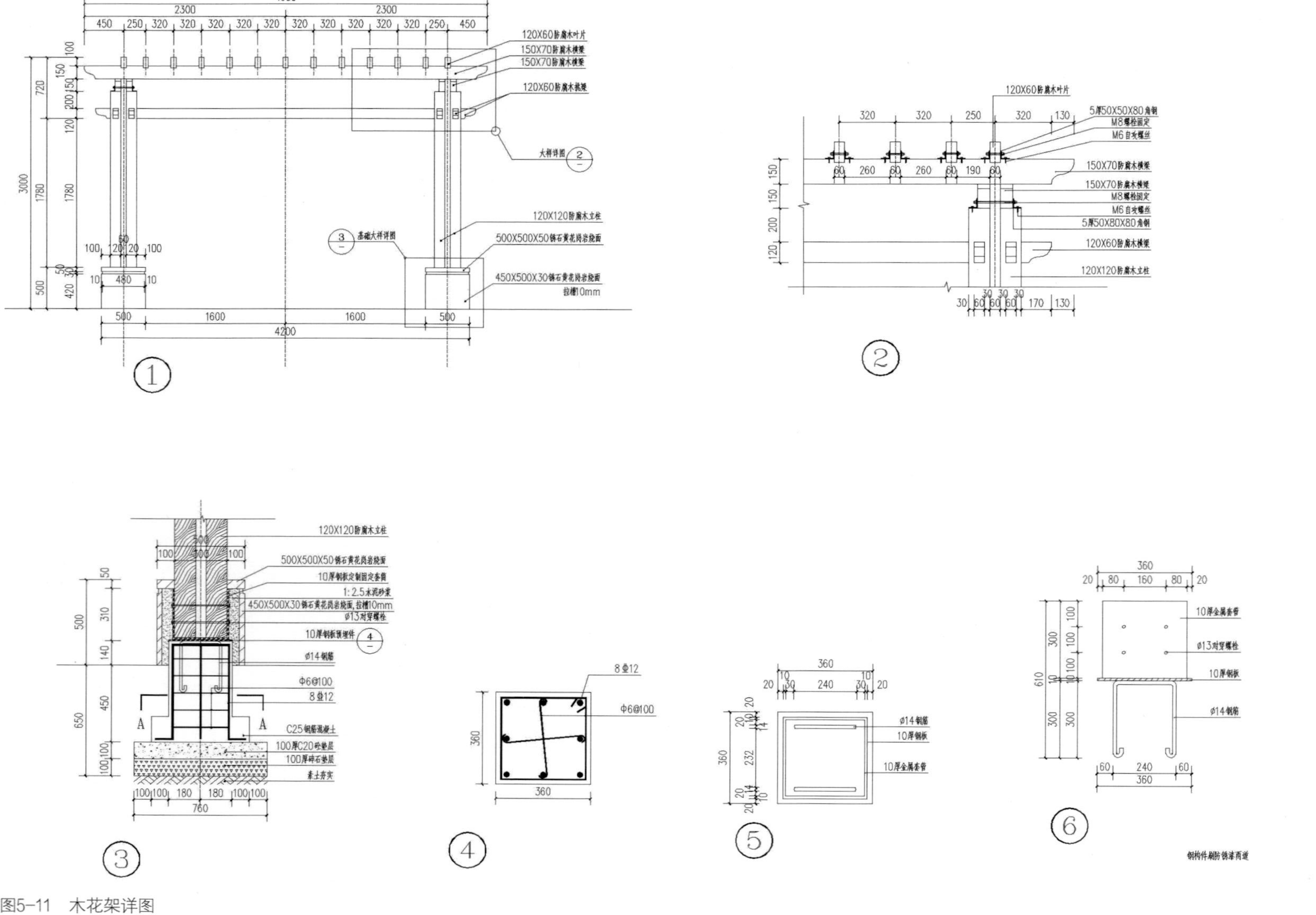
120X60防腐木叶片
150X70防腐木横梁
120X60防腐木挑梁
大样详图
120X120防腐木立柱
500X500X50锈石黄花岗岩烧面
450X500X30锈石黄花岗岩烧面
拉槽10mm
基础大样详图
5厚50X50X80角钢
M8螺栓固定
M6自攻螺丝
M8螺栓固定
5厚50X80X80角钢
120X60防腐木横梁
10厚钢板定制固定套筒
1:2.5水泥砂浆
450X500X30锈石黄花岗岩烧面，拉槽10mm
ø13对穿螺栓
10厚钢板预埋件
ø14钢筋
Φ6@100
8⌀12
C25钢筋混凝土
100厚C20砼垫层
100厚碎石垫层
素土夯实
10厚钢板
10厚金属套管
钢构件刷防锈漆两道

图5-11 木花架详图

5-12 儿童场地及汀步详图

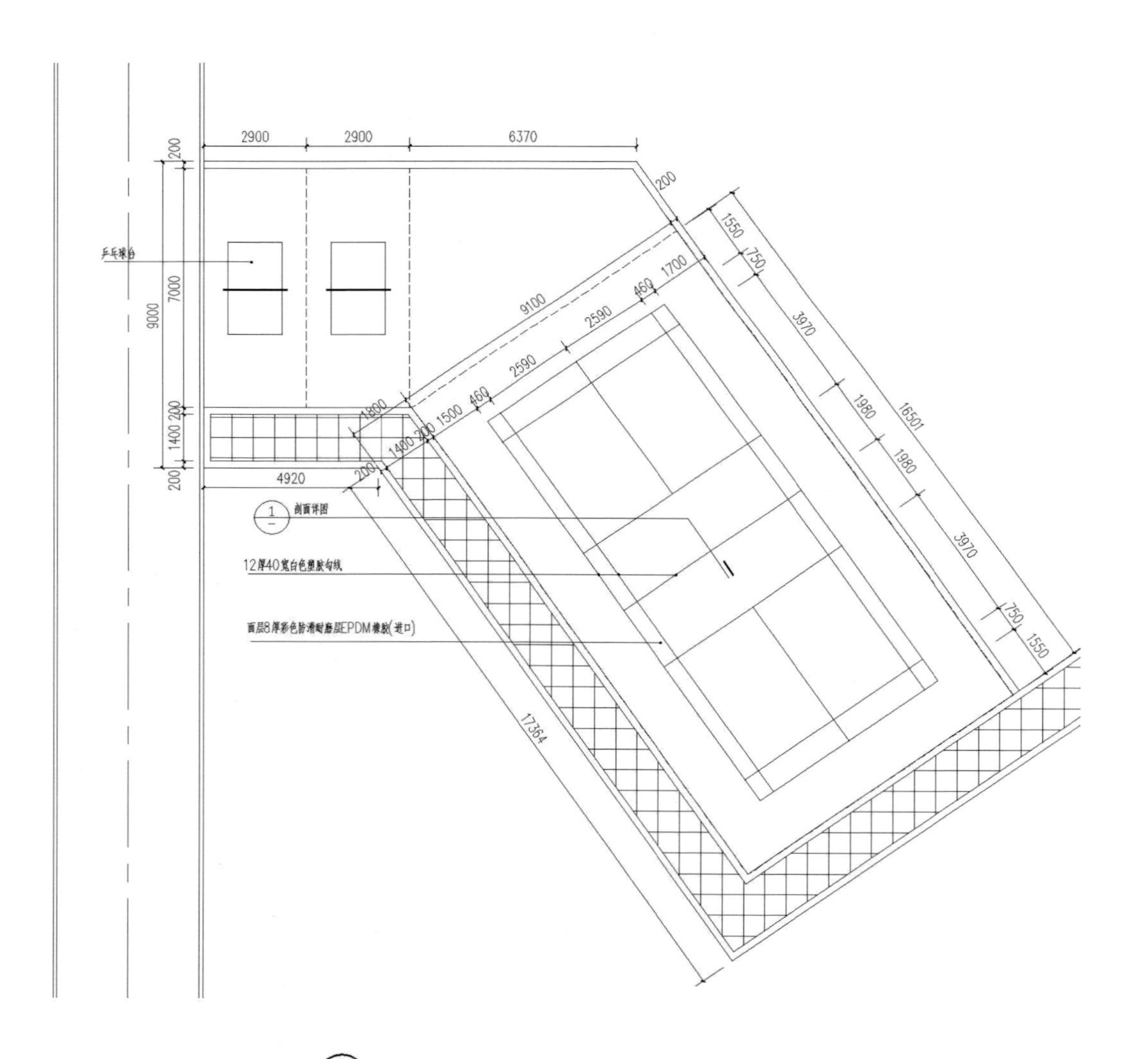
2900
2900
6370
200
9000
7000
1400
200
4920
乒乓球台
9100
2590
2590
460
1700
1800
1400
1500
1550
750
3970
1980
1980
16501
17364
1 剖面详图
12厚40宽白色塑胶勾线
面层8厚彩色防滑耐磨层EPDM橡胶(进口)
1

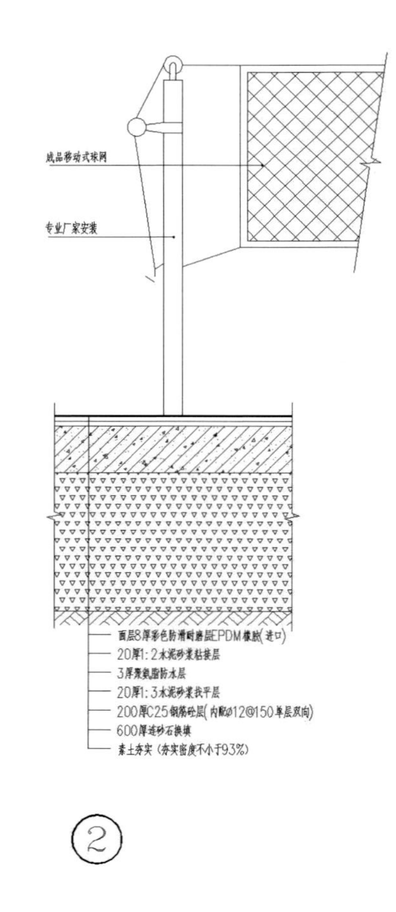
成品移动式球网
专业厂家安装
面层8厚彩色防滑耐磨层EPDM橡胶(进口)
20厚1:2水泥砂浆粘接层
3厚聚氨脂防水层
20厚1:3水泥砂浆找平层
200厚C25钢筋砼层(内配ø12@150单层双向)
600厚连砂石换填
素土夯实(夯实密度不小于93%)
2

5-13　球场详图

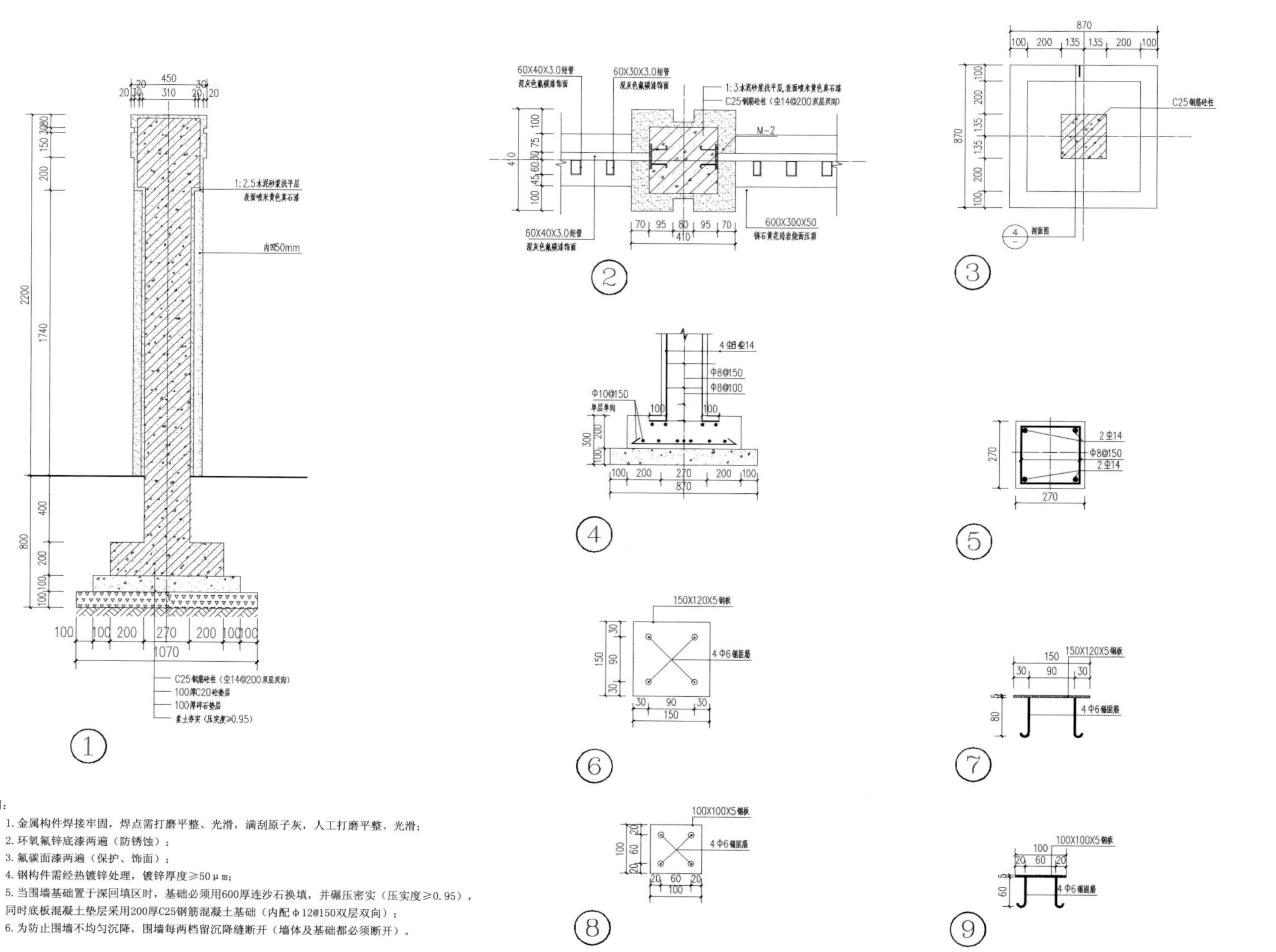

说明：

1. 金属构件焊接牢固，焊点需打磨平整、光滑，满刮原子灰，人工打磨平整、光滑；
2. 环氧氟锌底漆两遍（防锈蚀）；
3. 氟碳面漆两遍（保护、饰面）；
4. 钢构件需经热镀锌处理，镀锌厚度≥50μm；
5. 当围墙基础置于深回填区时，基础必须用600厚连沙石换填，并碾压密实（压实度≥0.95），同时底板混凝土垫层采用200厚C25钢筋混凝土基础（内配φ12@150双层双向）；
6. 为防止围墙不均匀沉降，围墙每两档留沉降缝断开（墙体及基础都必须断开）。

5-14　围墙详图

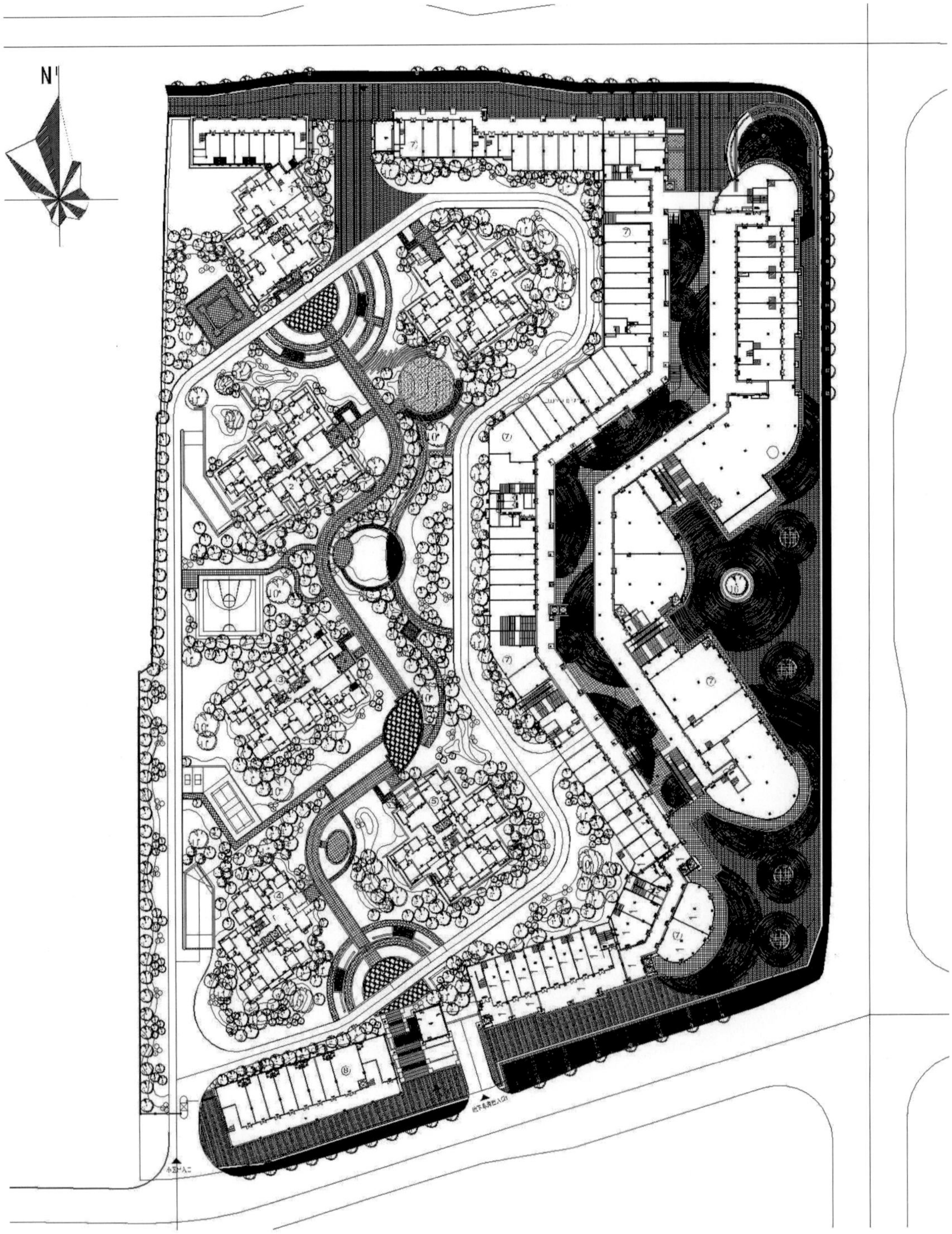

5-15 植物平面布置图

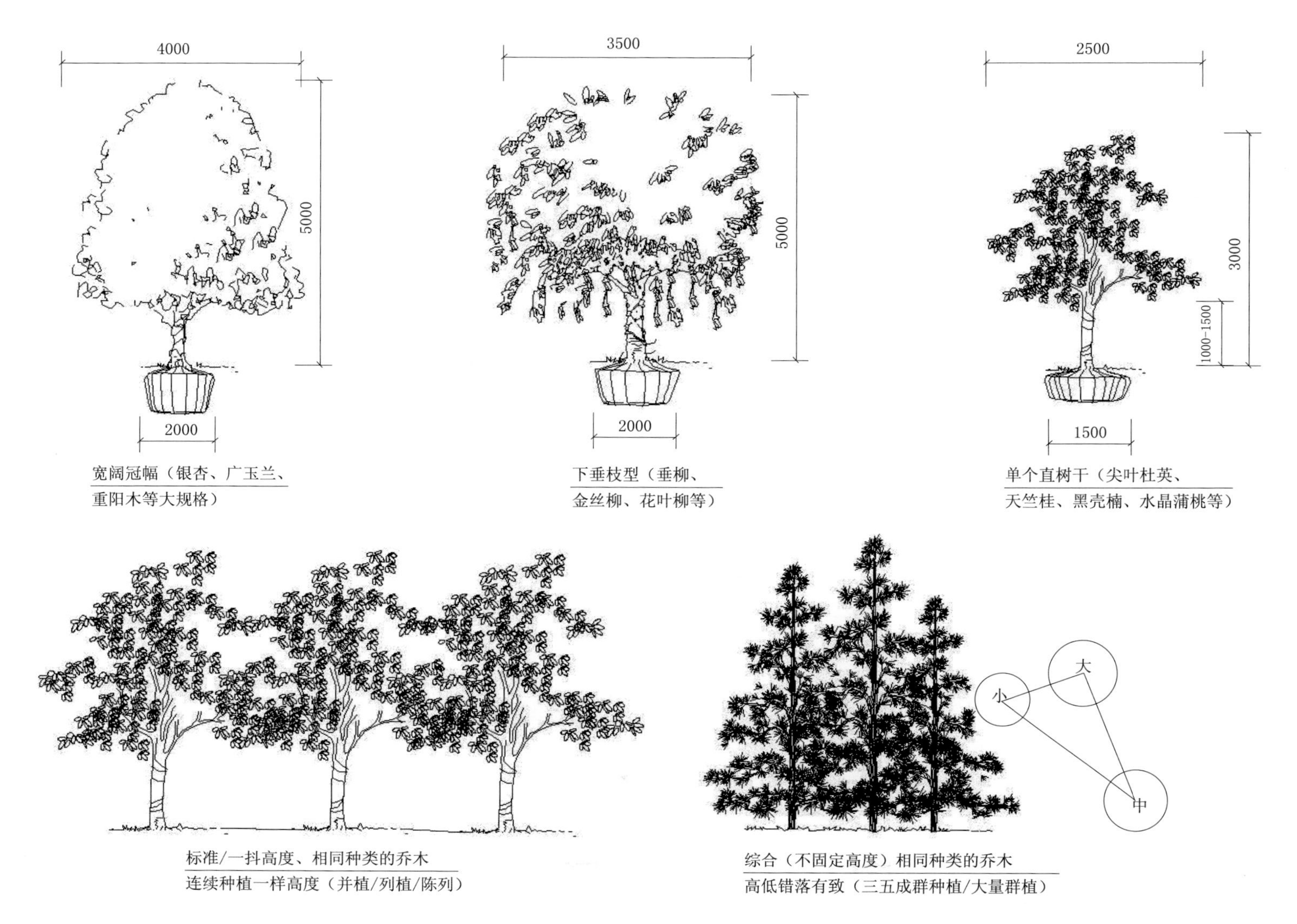
4000
5000
2000
宽阔冠幅（银杏、广玉兰、
重阳木等大规格）
3500
5000
2000
下垂枝型（垂柳、
金丝柳、花叶柳等）
2500
3000
1000-1500
1500
单个直树干（尖叶杜英、
天竺桂、黑壳楠、水晶蒲桃等）
标准/一抖高度、相同种类的乔木
连续种植一样高度（并植/列植/陈列）
大
小
中
综合（不固定高度）相同种类的乔木
高低错落有致（三五成群种植/大量群植）

5-16 植物说明

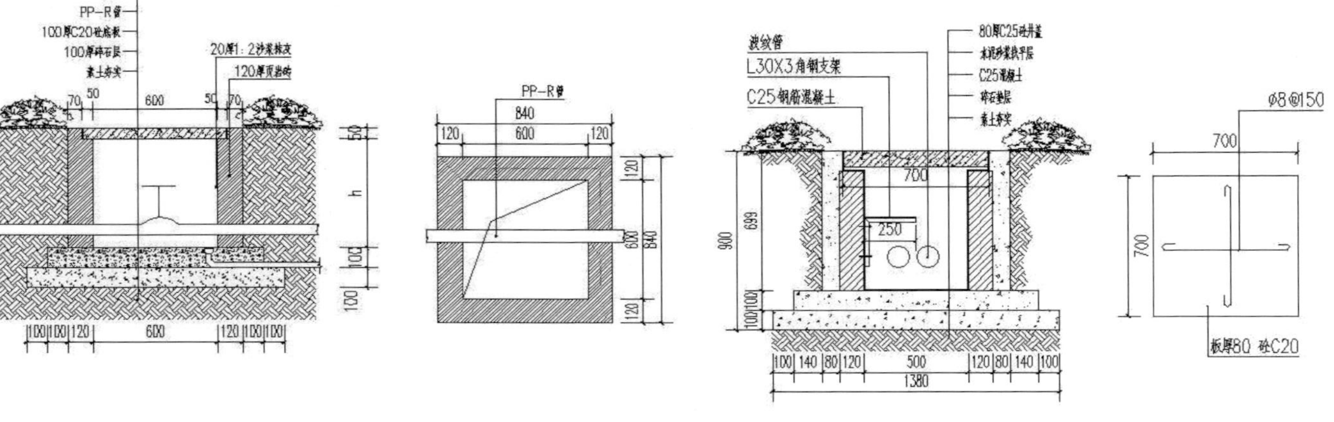
底层
PP-R管
100厚C20砼底板
100厚碎石层
素土夯实
20厚1:2沙浆抹灰
120厚页岩砖
给水井剖面图 1:20
PP-R管
给水井平面图 1:20
波纹管
L30X3角钢支架
C25钢筋混凝土
80厚C25砼井盖
水泥砂浆找平层
C25混凝土
碎石垫层
素土夯实
接线井剖面图 1:20
ø8@150
板厚80 砼C20
接线井盖板配筋图 1:20

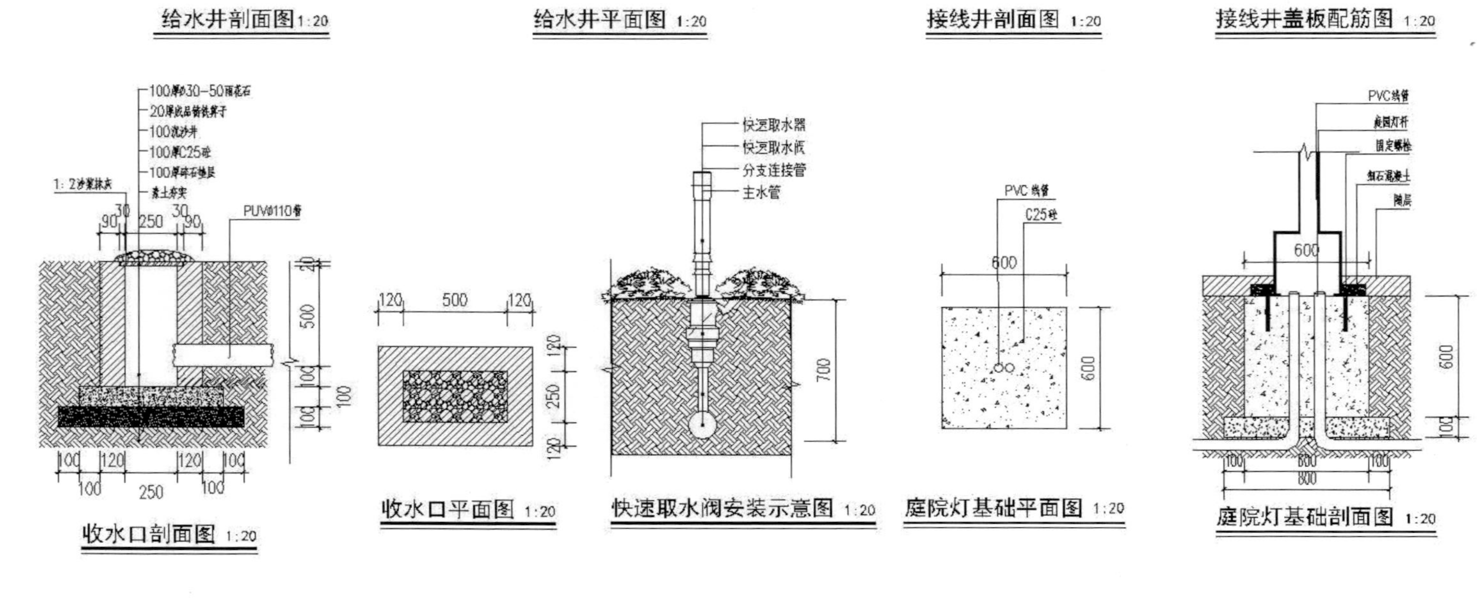
100厚ø30-50雨花石
20厚成品铸铁箅子
100沉沙井
100厚C25砼
100厚碎石垫层
素土夯实
1:2沙浆抹灰
PUVø110管
收水口剖面图 1:20
收水口平面图 1:20
快速取水器
快速取水阀
分支连接管
主水管
快速取水阀安装示意图 1:20
PVC线管
C25砼
庭院灯基础平面图 1:20
PVC线管
庭园灯杆
固定螺栓
细石混凝土
面层
庭院灯基础剖面图 1:20

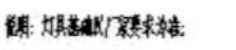

5-17 灯具平面布置图

5-18 给排水平面图

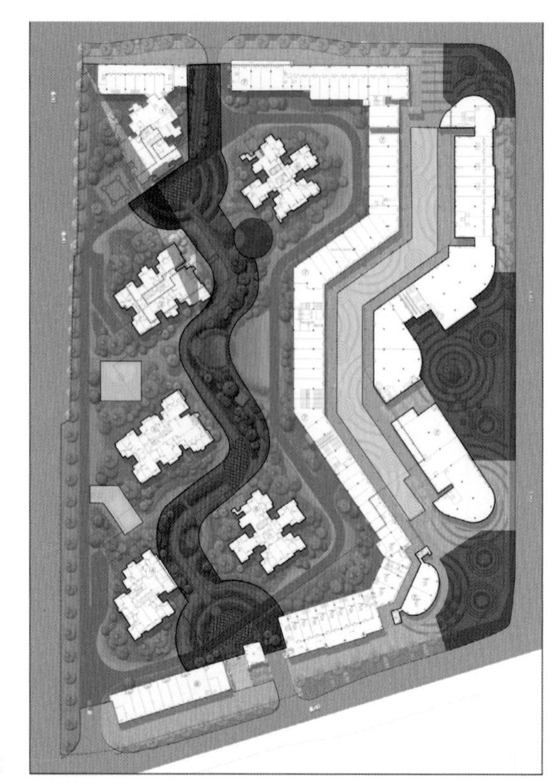

景观功能分区

- 景观休闲活动区
- 商业外街休闲景观区
- 宅间绿化区
- 室外运动区
- 儿童活动区
- 商业内街驻足景观区
- 景观广场多功能活动区

5-19　景观功能分区

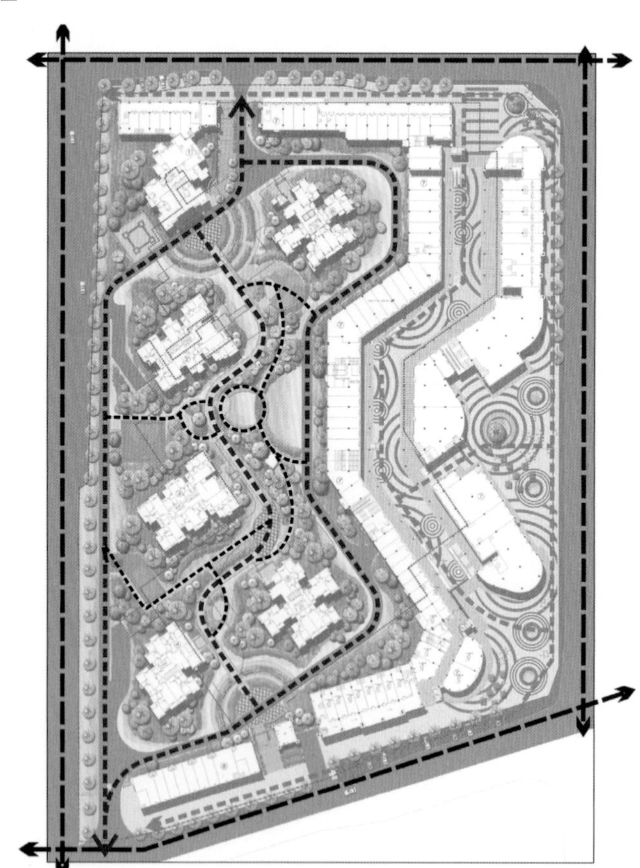

交通组织分析

- 市政道路
- 商业街道路
- 有氧健身步道
- 景观大道
- 休闲漫步道

5-20　交通组织分析

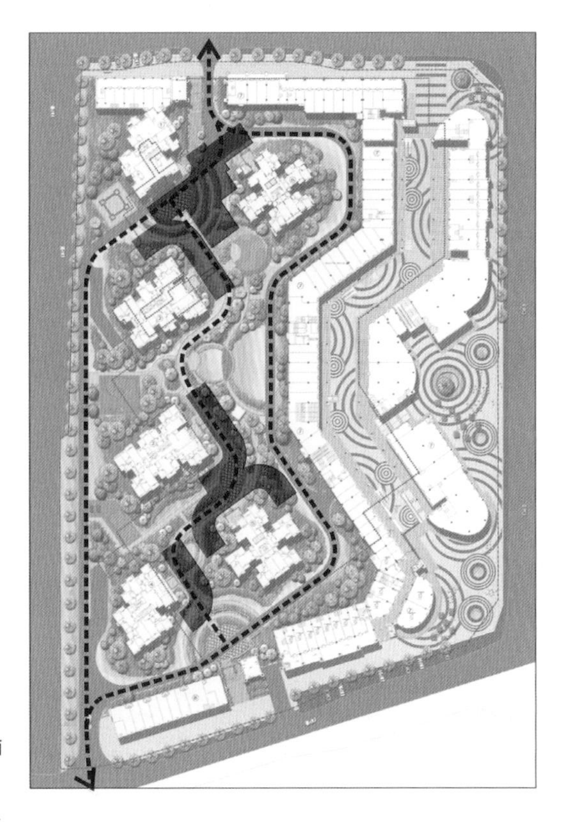

消防分析

- 消防扑救面
- 消防车道

5-21 消防分析

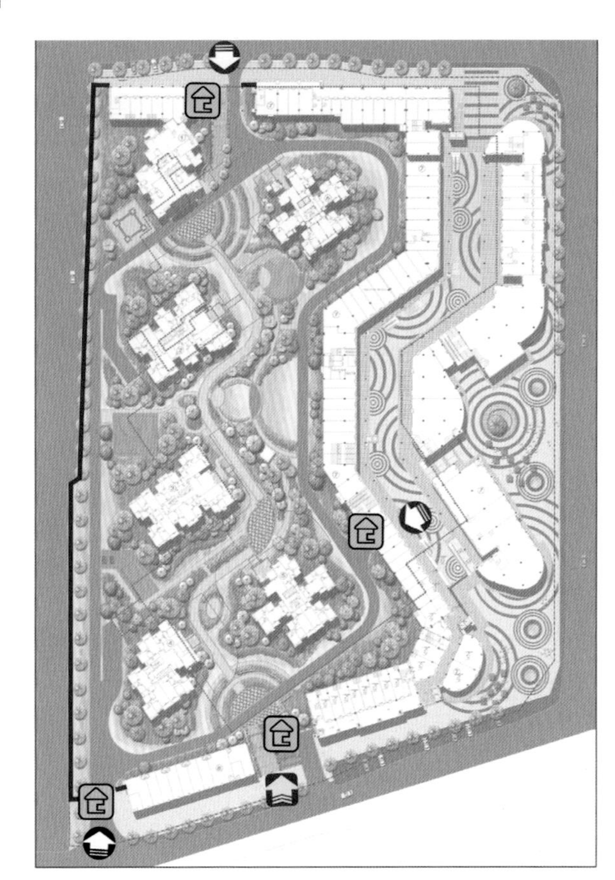

安防管理分析

- 人行主入口
- 车行主入口&人行次入口
- 人行次入口
- 人行管理岗亭
- 人车混行管理岗亭
- 景观围墙&自能防盗系统

5-22 安防管理分析

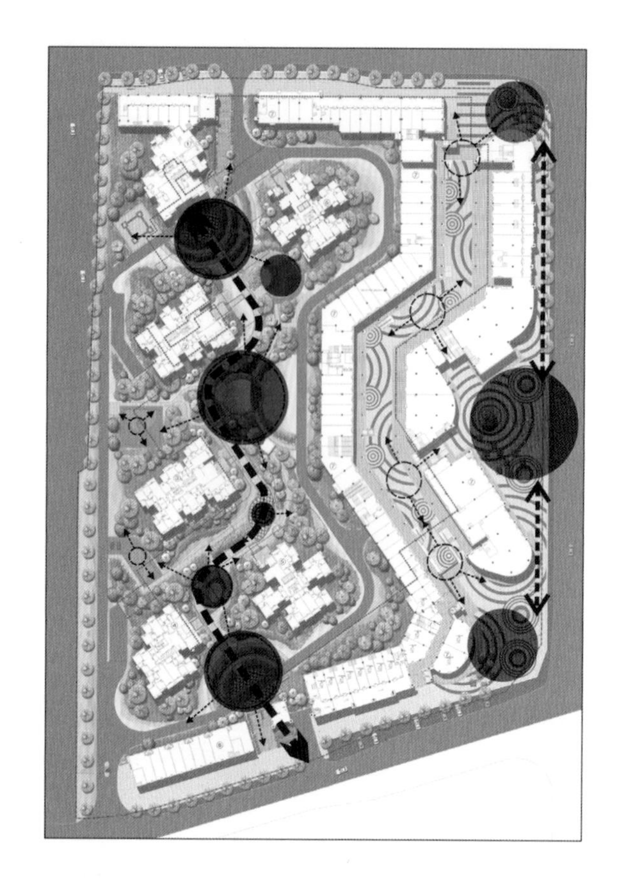

观景视线分析

- 商业景观节点
- 内庭景观节点
- 视线节点
- 内庭视线通廊
- 商业街视线通廊
- 视线方向

5-23　景观视线分析

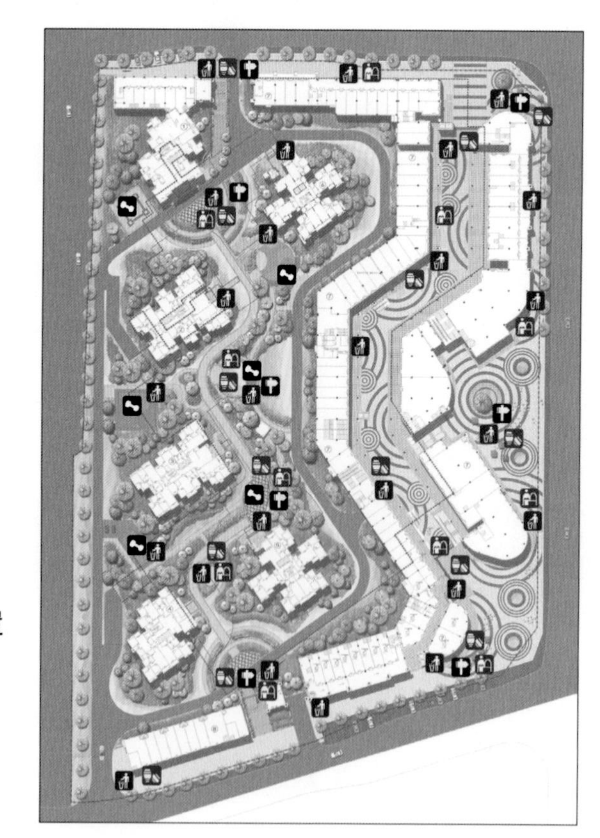

公共设施布置

- 健身运动器材
- 垃圾桶
- 指示牌
- 花钵
- 座椅

5-24　公共设施布置

内庭景观索引图

5-25 内庭景观索引图

总平面图标注

01 小区人行主入口
02 入口花坛
03 管理岗亭
04 车行岗亭
05 入口景观平台
06 木质休闲平台
07 景观廊架
08 景观平台
09 羽毛球场
10 乒乓球台
11 活动广场
12 木质观景平台
13 阳光草坪
14 篮球场
15 儿童活动区
16 汀步
17 消防回车场
18 特色铺装
19 小区人行次入口
20 小区车行次入口
21 地下车库入口
22 商业街广场
23 商业街花坛
24 商业内街
25 室外停车场
26 商业街特色铺装
27 市政道路

5-26 总平面图标注

主入口放大平面图

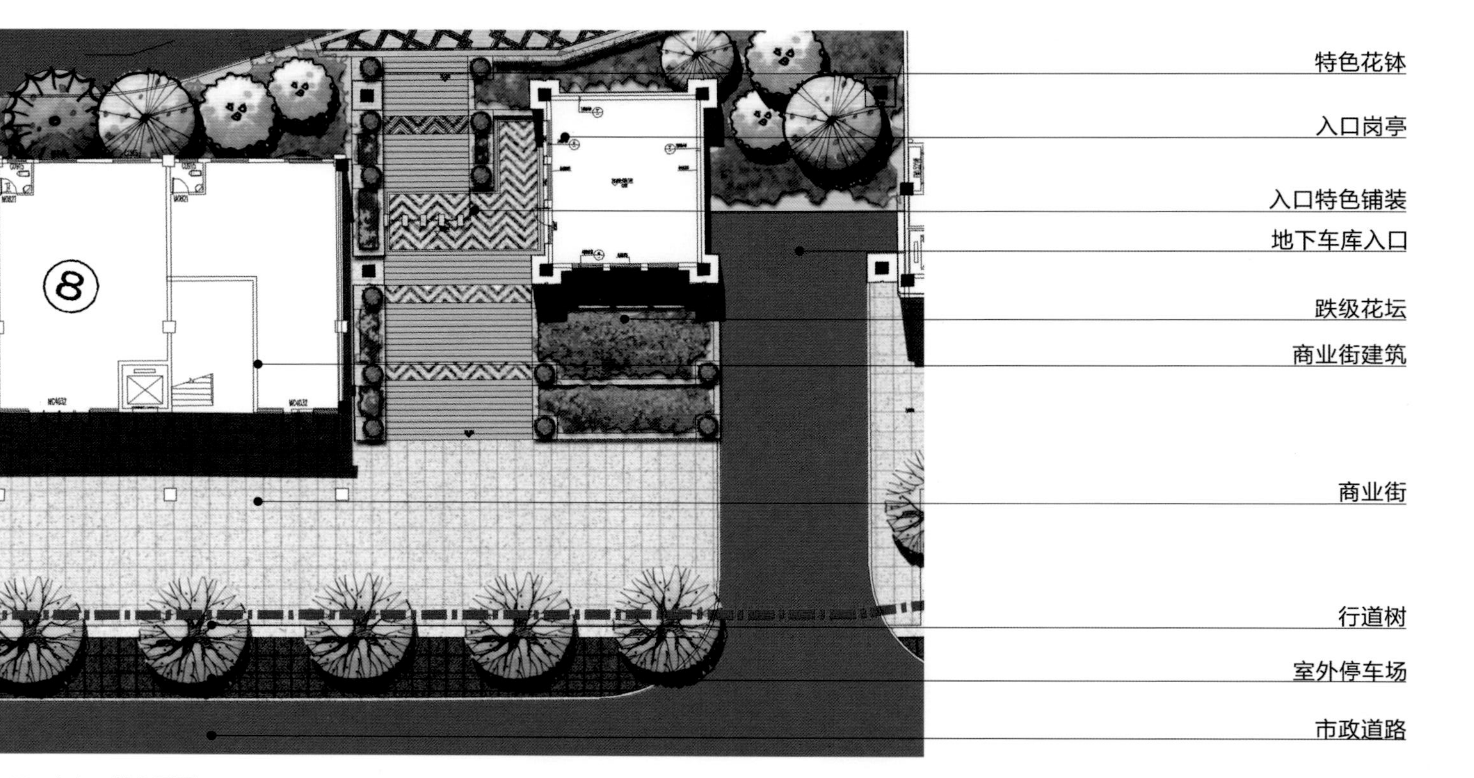

5-27　主入口放大平面图

5-28 主入口门头透视图

入口景观区放大平面图

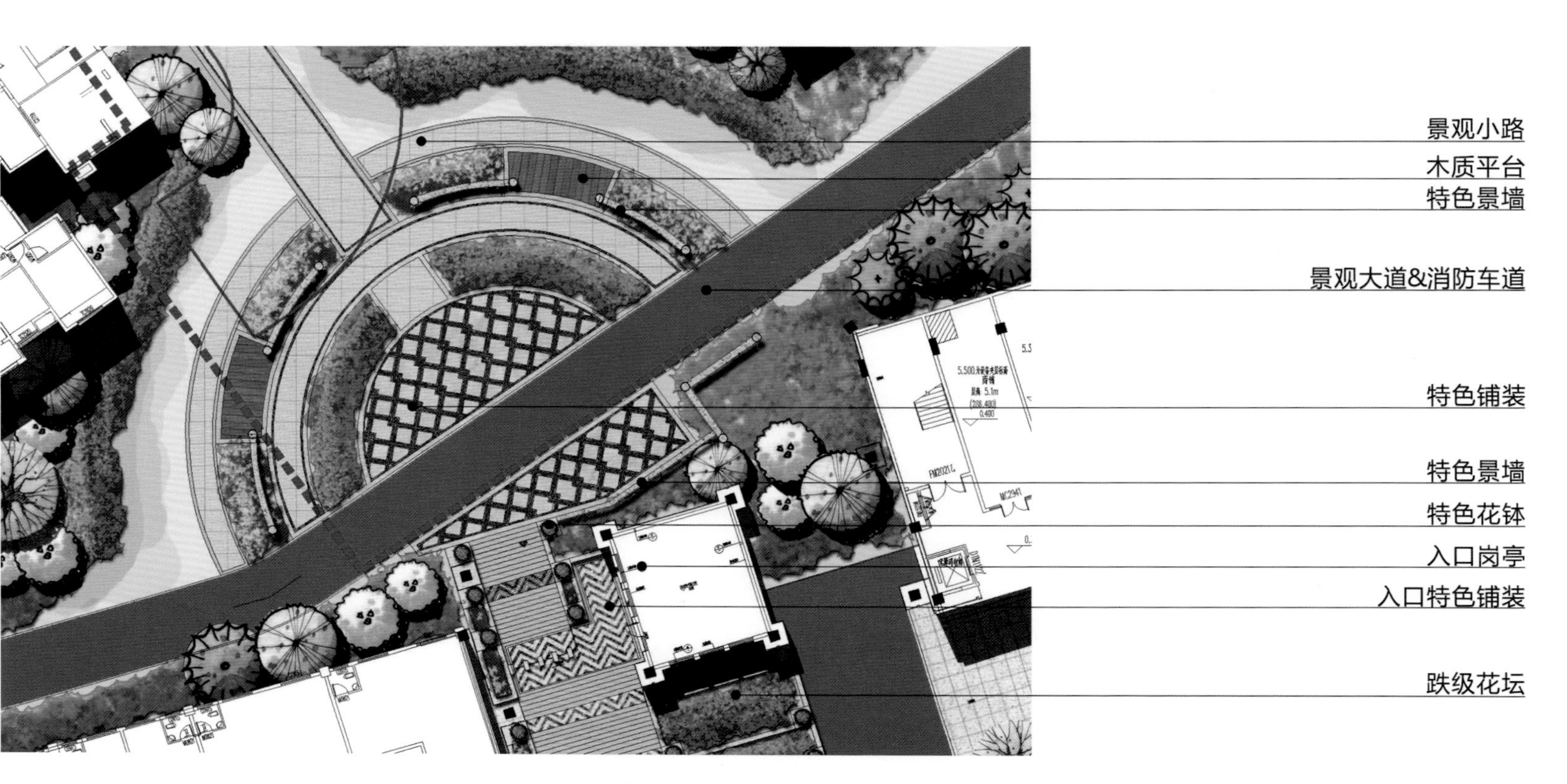

5-29 入口景观区放大平面图

5-30 入口景观区透视图

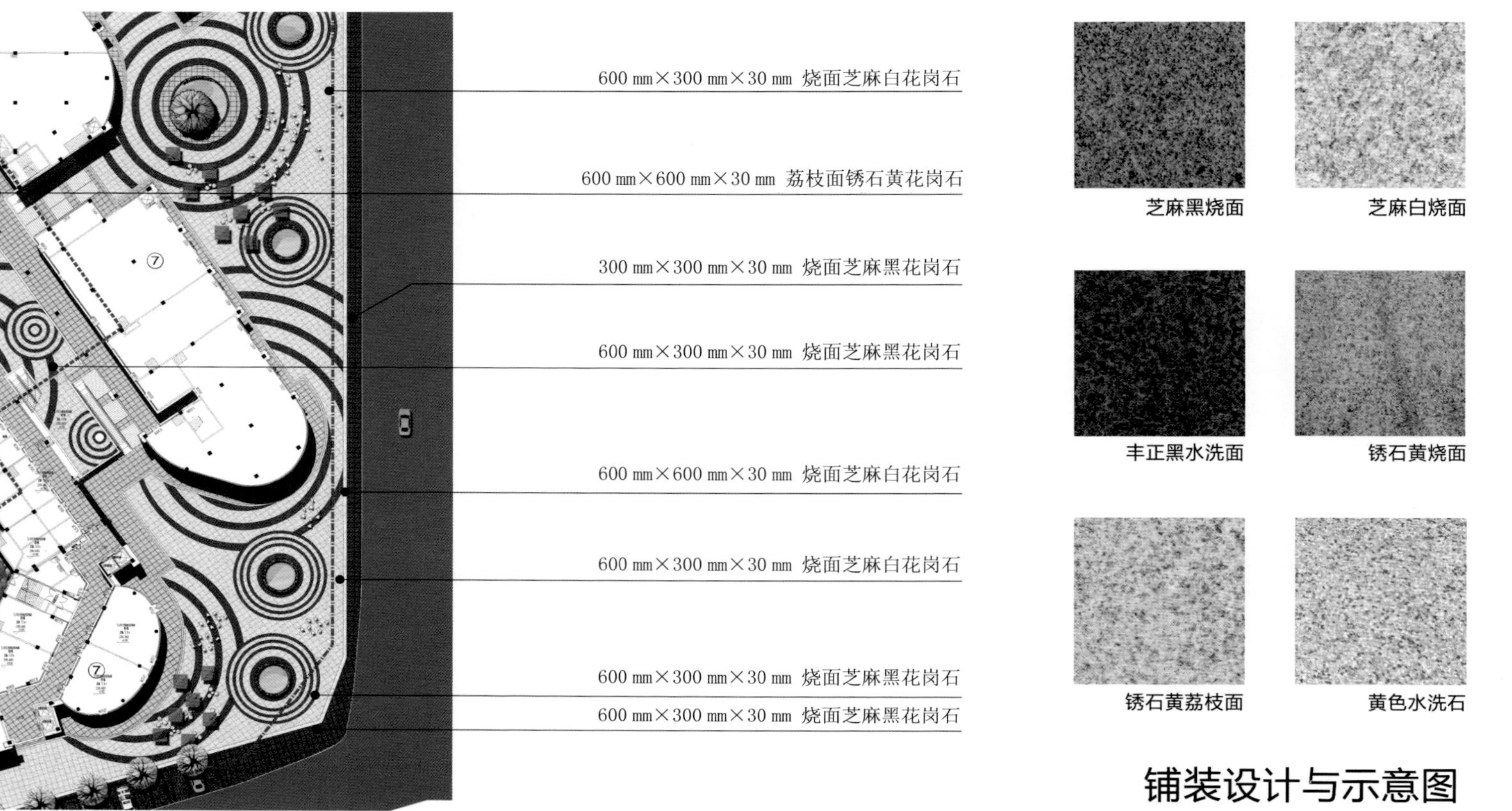
600 mm×300 mm×30 mm 烧面芝麻白花岗石
600 mm×600 mm×30 mm 荔枝面锈石黄花岗石
300 mm×300 mm×30 mm 烧面芝麻黑花岗石
600 mm×300 mm×30 mm 烧面芝麻黑花岗石
600 mm×600 mm×30 mm 烧面芝麻白花岗石
600 mm×300 mm×30 mm 烧面芝麻白花岗石
600 mm×300 mm×30 mm 烧面芝麻黑花岗石
600 mm×300 mm×30 mm 烧面芝麻黑花岗石
芝麻黑烧面
芝麻白烧面
丰正黑水洗面
锈石黄烧面
锈石黄荔枝面
黄色水洗石

铺装设计与示意图

5-31 铺装设计与示意图

灌木配置

5-32 灌木配置

景观大道植物配置方式

对植景观示意图

一轴

整个景观大道采用列植的种植形式，局部节点采用对植以加强效果，从而形成主轴景观，运用树型挺拔，姿态优美的树种搭配地被植物营造出恢宏有序、简单大气的景观效果。

主轴特色树种：茶条槭、桂花。

茶条槭选型参考

桂花选型参考

地被参考

桂花对植景观示意图

5-33　景观大道植物配置方式

植物配置说明

整个项目的植物设计力求表现悠闲、舒畅、自然、浪漫的生活情趣，营造都市与自然的柔性边界。

设计主旨：去繁由简创造清新自然的现代绿植景观

现代景观的植栽设计包含各种手法，尤其对欧式规则化和传统中式的自然式都已各自发展出多种植物配置手法。由于本项目地处铜梁核心区，处于一个商业氛围浓厚的大环境，在这个大环境下，设计出清新自然的小环境既满足了业主对家园绿植的需要，又点缀了整个核心区地块。

本次项目设计结合成本考虑我们将去繁由简，摈弃传统欧式中繁复及严谨的轴线对称和中式纯粹的意境营造，用流畅的线条和从容大度的空间创造现代简洁的自然景观。

植物种植设计中上层大乔木以落叶为主，形成上层界面空间，以保证夏季的浓荫与冬季充足的阳光；简化中层乔木景观，用丰富的小乔及大灌形成主要景观感受界面；下层运用耐阴的低矮花灌木、地被及缀花草地营造清新自然景观。道路边线采取精简绿篱、色带，配合其他花灌木，提升绿植空间的韵味保留多层次的景观特点。宅旁绿化中则注重景观的经济性，突出简约、休闲的植物种植特点。

5-34　植物配置说明

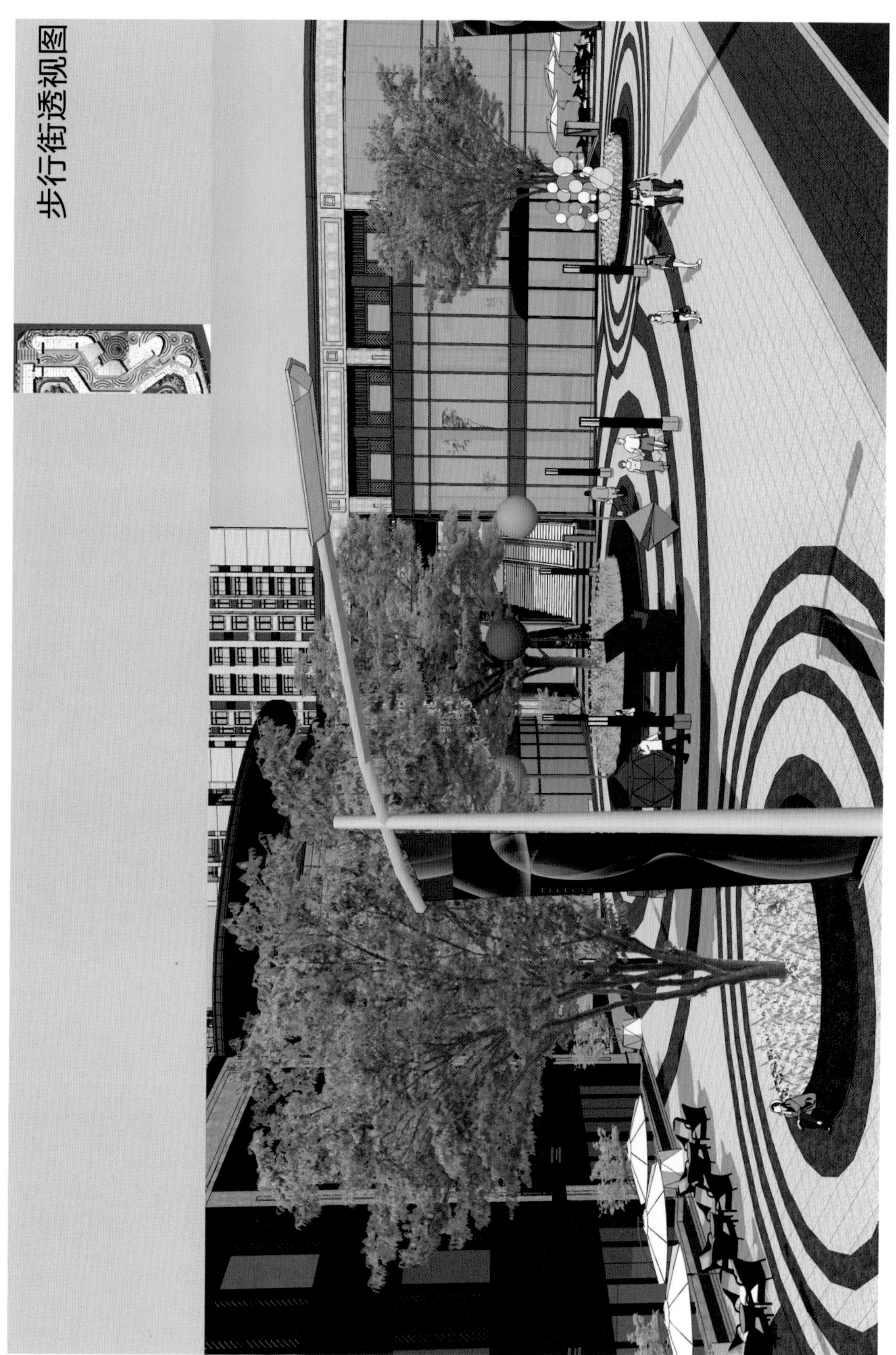

5-35 步行街透视图（四）

步行街透视图

5-36 步行街透视图

5-37 室外运动区透视图

次入口景观区透视图

5-38 次入口景观区透视图

次入口景观区放大平面图

5-39　次入口景观区放大平面图

5-40 儿童游乐区透视图

儿童游乐区放大平面图

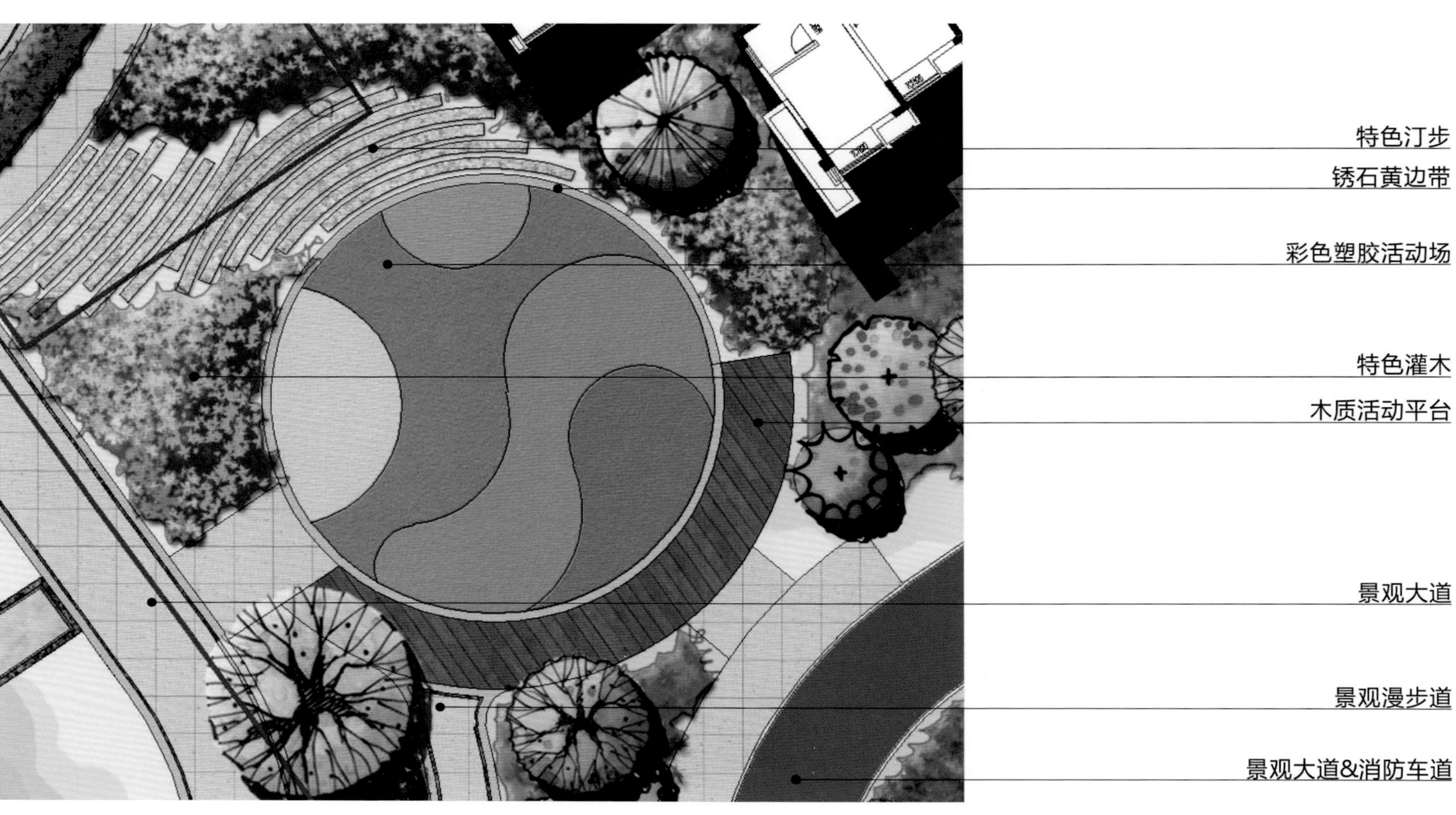

5-41　儿童游乐区放大平面图

中心景观区透视图

5-42 中心景观区透视图

休闲景观区透视图

5-43 休闲景观区透视图

商业街小品意向图

5-44　商业街小品意向图

商业街设施意向图

商业街休憩座椅 SEATING

大台阶坐凳 SEATING STEPS

户外咖啡座椅 SEATING

商业街休憩石凳 SEATING STONES

木质石材坐凳 SEATING STONES

5-45 商业街设施意向图

参考文献

[1] 陈有川，张军民，等.城市居住区规划设计规范：图解[M].北京：机械工业出版社，2009.

[2] 彭应运，王珂.住宅区环境设计及景观细部构造图集[M].北京:中国建材工业出版社，2006.

[3] 朱家瑾.居住区规划设计：2版[M].北京:中国建筑工业出版社，2007.

[4] 胡纹.居住区规划原理与设计方法[M].北京：中国建筑工业出版社，2013.

[5] 刘滨谊.现代景观规划设计：2版[M].南京：东南大学出版社，2005.

[6] 肖笃宁，李秀珍.景观生态学[M].北京:科学出版社，2007.

[7] 克莱尔·库伯·马库斯,卡罗琳·佛朗西斯.人性场所:城市开放空间设计导则[M].北京：中国建筑工业出版社，2001.

[8] 费卫东，华中建筑.居住区景观规划设计发展演变[M].武汉：武汉大学出版社，2010.

[9] 格兰特·W.李德.园林景观设计——从概念到形式[M].陈建业,赵寅,译.北京：中国建筑工业出版社，2004.